国家自然科学基金
云南省科学技术厅　项目资助
云南省科学技术协会

云南省农村信息化建设“三农通”服务平台
YUNNANSHENG NONGCUN XINXIHUAJIANSHE SANNONGTONG FUWUPINGTAI
云南省农业科学院农业科技成果转化工程
YUNNANSHENG NONGYEKEXUEYUAN NONGYE KEJI CHENGGUO ZHUANHUA GONGCHENG
系列丛书

# 云南普洱茶的饮用与品鉴

YUNNAN PUERCHA DE YINYONG YU PINJIAN

云南省农业科学院
新华社云南分社　编
中国移动通信集团云南有限公司

云南出版集团公司
云南科技出版社
·昆明·

**图书在版编目（CIP）数据**

云南普洱茶的饮用与品鉴 / 王白娟, 张贵景编. -- 昆明 : 云南科技出版社, 2015.10（2021.8 重印）
ISBN 978-7-5416-9368-7

Ⅰ. ①云… Ⅱ. ①王… ②张… Ⅲ. ①普洱茶－品鉴－云南省 Ⅳ. ①TS272.5

中国版本图书馆CIP数据核字(2015)第250412号

责任编辑：刘　康
胡凤丽
叶佳林
整体设计：晓　晴
责任校对：叶水金
责任印制：翟　苑

云南出版集团公司
云南科技出版社出版发行
（昆明市环城西路609号云南新闻出版大楼　邮政编码：650034）
昆明亮彩印务有限公司印刷　全国新华书店经销
开本：787mm × 1092mm　1/16　印张：12.5　字数：150 千字
2015年10月第1版　　2021年8月第3次印刷
印数：5001 ~ 6000册　定价：126.00元

资助项目：国家自然科学基金（61561054）

# 《云南普洱茶的饮用与品鉴》编委会

主　　编：王白娟　张贵景

副 主 编：王家金　赵　艳　邓维萍　李浩霖

编　　委：（按姓氏笔画排列）

马俊蓉　方树宏　王美娟　王　茜　包云秀　白玉艳

冯　宇　孙　玲　刘彦坤　张　灵　李山云　肖植文

沈晓静　吴文彬　何继燕　严伟榆　陈海标　陈　婷

周　兵　周芳梅　杨文英　金璐婕　赵丹丹　赵红梅

储东霞　熊荣萍

摄　　影：山朝永　罗斯瀚　苏金泉　牛　远

主　　审：王家银　赵四萍

顾　　问：李　仁　刘国超

# 主要作者简介

**王白娟** 女，白族，大理剑川人，教授，硕士生导师，现任云南农业大学茶学院院长，云南省有机茶产业智能工程研究中心和云南省高校智能有机茶园建设重点实验室主任，云南普洱茶产业知识产权战略联盟负责人。云南省万人计划“产业技术领军人才”，昆明市中青年学术技术带头人后备人，云南农业大学“百名”中青年学术带头人。带领团队进行有机普洱茶产业的智能化研究，在交叉学科智能茶产业探索研究方面成果显著。主持、参与各类项目30余项，包括国基“高压脉冲电场对云南普洱茶抗氧化性影响的机理研究”、中央引导项目“云南有机普洱茶数字茶园科技创新建设基地”等10余项国家项目。发表论文共70余篇，其中作为第一作者或通讯作者发表的论文SCI/EI收录16篇。出版著作10余部，任主编3部，《云南普洱茶的饮用与品鉴》《滇红茶的饮用与品鉴》获西部优秀图书奖及机场畅销书。授权专利43件，排名第一的有30件。获2020-2021年度神农中华农业科技三等奖、2020年省政府科技进步三等奖、2018年云南省专利一等奖，均排名第一。

# 序

我国是世界上最早发现和利用茶的国家，后传入世界各国，而今茶与咖啡、可可已经成为世界三大无酒精饮料。云贵高原是世界茶树的起源中心，被誉为地球的茶祖母——临沧凤庆香竹箐古茶树距今约3000年。云南也是普洱茶的故乡，云南独有的大叶种茶树在得天独厚的地理和气候环境中孕育，加上特殊的加工工艺，让普洱茶成为云南地理标志性产品，成为中国茶叶的一朵奇葩，一直以历史悠久、品质独特、保健功效显著而蜚声中外。在云南茶叶历史发展的长河中，普洱茶也不断经历着岁月的洗礼，更迭着自己的风姿，展示着自己迷人的魅力，让越来越多的饮茶人接受并喜爱。

本书简要介绍茶文化、普洱茶基础知识、普洱茶保健功效。在普洱茶的分类划分方面，基于2014年的最新国标，笔者将普洱茶分为：熟茶、晒青茶和陈茶。本书重点介绍了普洱茶的饮用与品鉴，提出了新普洱茶四大区（西双版纳茶区、临沧茶区、普洱茶区和保山茶区）的概念，是一本引导读者如何品饮普洱茶的科普书籍。

主要作者王白娟老师长期从事物理手段对普洱茶的作用研究，主持多项课题，包含国家自然基金“高压脉冲电场对云南普洱茶抗氧化性的影响研究”。她也是茶艺师和云南省首届评茶师，更是对普洱茶有着执着的喜爱和痴迷，对普洱茶的品鉴有着独到的见解。在多年品饮实践的基础上，查阅了大量资料，调研了云南几个大型茶叶市场，走访了各大品牌的茶商并踏足大部分名茶山，才得以撰写了本书。本书文笔流畅，深入浅出，相信会引领爱茶之人了解普洱茶、走入普洱茶。

2015年9月20日于安徽农业大学

茶树生物学与资源利用国家重点实验室

# 前言

本书为国家自然科学基金项目（61561054）、云南省科学技术厅、云南省科学技术协会的科普资助项目，是云南省农村信息化建设“三农通”服务平台和云南省农业科学院农业科技成果转化工程系列丛书之一，是一本推广云南省的特色产业的科普丛书。

本书简单介绍茶文化、普洱茶基础知识、普洱茶保健功效。在书中用到的理论定义力求做到标准详尽，因此，编者阅读了和普洱茶有关的书籍、文献和相关资料。在普洱茶的划分方面，历史上的三次国标均介绍到，根据2014年的最新国标，以及各类资料和调研走访，笔者将普洱茶分为：熟茶、晒青茶和陈茶，摒弃了一直有争议的熟茶和生茶之分，而其中的陈茶标准和品鉴也在研究之中，希望继本书出版后能有机会推出自己的观点。

本书重点介绍了普洱茶的饮用与品鉴，首先介绍了云南茶区的新分类。传统的普洱茶，大家首先想到的是勐海、古六大茶山，然而近几年因普洱茶热席卷全国，特别是2007年以后山头茶概念的兴起，近两年小产区概念的推广，对茶区划分有了新的概念。本书笔者走访了大量的茶叶专家、茶区政府、茶人、茶农和茶叶销售者，从目前茶业界比较认可的新划分来介绍新四大普洱茶产区，分别为西双版纳茶区、临沧茶区、普洱茶区和保山茶区。其次，从普洱茶的品鉴要素和评审标准来指导喜欢普洱茶的人如何品饮一款茶叶，指导消费者在琳琅满目的品牌中和纷繁复杂的各种行话、俗语中挑选到适合自己的、健康的好茶。第三，从茶区内挑选一些近几年有代表性，较热门的16座小山头茶进行介绍，这16座茶山是根据茶叶原料价格、喜爱度和网络点击率的一个综合

指标排名来介绍。最后，本书中从细节上冲泡品饮了几款有代表性的茶叶，从外形、香气、滋味和叶底来引领消费者身临其境地喝到一款好茶。

在书中要感谢项目负责人王家银老师给予的大力支持；感谢编委们一年多以来大量的阅读相关文献、书籍、资料并认真编写，无数次修改和讨论；感谢剑川 好朋友苏金泉在剑川马道茶庄的拍摄；感谢大益茶渠道服务商郭峰先生提供陈茶及牛远先生的拍摄；感谢斗记掌门人陈海标先生提供的玉斗品鉴；感谢百年老字号福元昌赵四萍女士提供的古树品鉴，刘国超老师的校稿；感谢安徽农业大学宛晓春教授百忙之中审阅本书并亲自撰写了序；最后要特别感谢凤宁号第三代传人、现任云南凤宁茶业有限公司总经理张景贵先生历时5年、行程20多万公里，把云南大小茶山跑了数遍，为文中的16座茶山介绍提供了详尽的资料，并亲自到茶山拍摄书中所用的图片。

本书是云南省第一本引导读者如何品饮普洱茶的科普书籍，期待其能引导国内外所有爱生活、爱健康、爱茶的朋友们真正了解、饮用和品鉴普洱茶。

编 者

# 目录 CONTENTS

# 第一章 认识茶文化

茶文化就是人类在生产和利用茶的过程中，以茶为载体的物质文化、制度文化、行为文化、心态文化的集合

# 第一节

## 什么是茶文化？

文化是人类精神文明和意识形态的客观表现，它通常以物质为载体。茶文化就是人类在生产和利用茶的过程中，以茶为载体的物质文化、制度文化、行为文化、心态文化的集合。从广义上来讲，分为茶的自然科学和人文科学两方面；从狭义上讲，茶文化着重于茶的人文科学，主要指茶对精神和社会的功能。现在常讲的茶文化偏重于人文科学。



### 一、茶文化的特性

茶文化作为一种文化现象，包含了作为载体的茶和人因茶而形成的各种观念形态，其必然具有自然属性和社会属性两个方面的形式和内涵。其特性主要表现为以下5个方面：

#### （一）社会性

随着社会的进步，饮茶文化已渗透到社会的各领域和生活的各方面。“开门七件事：柴米油盐酱醋茶 ”是不可省的，即使是祭天、祀地、拜祖也得奉上“三茶六酒”。因此，在人类发展史上无论是王宫显贵，还是三教九流都以茶为上品，虽然饮茶方式和品位不同，但对茶的推崇和需求却是一致的，即把饮茶当成是人类美好的物质享受与精神陶冶。而历代文人墨客、社会名流以及宗教界人士更是有雅士七事：琴棋书画诗曲茶，对茶文化的发展起到了推波助澜的作用。

### （二）广泛性

茶文化是一种范围广泛的文化，雅俗共赏，各得其所。古老的中国传统茶文化同各国的历史、文化、经济及人文相结合，演变成英国茶文化、日本茶文化、韩国茶文化、俄罗斯茶文化及摩洛哥茶文化等。茶文化可以把全世界茶人联合起来，切磋茶艺，学术交流和经贸洽谈。

### （三）民族性

据史料记载，茶文化始于中国古代巴蜀族人，后逐渐以汉族茶文化为主体并传播扩展。但每个国家和民族因自己特有的历史文化个性，使得茶文化呈现出多姿多彩的特性。蒙古族的奶茶、维吾尔族的奶茶和香茶、苗族和侗族的油茶作为日常饮食，以茶养生；白族的三道茶、苗族的三宴茶追求的是借茶喻世，寓意为人做事的哲理；傣族的竹筒香茶、傈僳族的雷响茶、回族的罐罐茶追求的是精神享受和饮茶情趣；藏族的酥油茶、布朗族的酸茶、鄂温克族的奶茶追求的是以茶为饮，并寓意示礼联谊。

### （四）区域性

“千里不同风，百里不同俗”。烹茶、饮茶方法，用茶目的以及对茶叶品种需求都因地域不同而有差异。如在世界上，东方人推崇清饮，饮茶的基本方法是用开水直接冲泡茶叶，无须加入糖、薄荷、柠檬、牛奶、葱姜等作料；欧美及大洋洲国家钟情的是加奶、糖的红茶；而西非和北非人最爱喝的是加有薄荷或柠檬的绿茶。在我国，南方人喜欢饮绿茶，北方人崇尚花茶，福建、广东、台湾人欣赏乌龙茶，西南一带推崇普洱茶，边疆民族爱喝以砖茶制作的各类调饮等等。

### （五）传承性

茶文化本身就是中国传统文化的一个重要组成部分。茶文化的社会性、广泛性、民族性、区域性决定了茶对中国文化的发展具有传承性的特点，茶文化是中华文化形成、延续和发展的重要载体。在当代特别是改革开放以后，茶文化作为民族优秀文化的组成部分，得到社会各界的认可和推崇，现代文化理念和时代新元素的融入，使得茶文化价值功能更加显著，对现代化社会的作用进一步增强。其传播方式呈现大型化、现代化、社会化和国际化趋势。



## 二、茶文化的精神内涵

茶文化的发展历程表明，茶文化总是在满足社会物质生活的基础上发展而成为精神生活的需要。茶文化的精神内涵主要表现为“四个结合”。

### （一）物质与精神的结合

俗话说：“衣食足而礼义兴”，随着物质的丰富，精神生活的提高，必然促进文化的高涨。唐韦应物赞茶“洁性不可污，为饮涤尘烦”；宋苏东坡誉茶“从来佳茗似佳人”；杜耒说茶“寒夜客来茶当酒”；近代鲁迅认为品茶是一种“清福”；日本高僧荣西禅师称茶“上通诸天境界，下资人伦矣”。可见，茶作为一种物质，其形态千姿百态，而作为一种文化又有着深邃的内涵。

### （二）高雅与通俗的结合

茶文化是雅俗共赏的文化，其发展过程就是高雅和通俗共存，并在统一中向前发展的过程。宫廷贵族的茶宴，僧侣士大夫的斗茶，文人墨客的品茗，以及由此派生出的有关茶的诗词、歌舞、戏曲、书画、雕塑，都是茶文化高雅性的表现。而民间的饮茶习俗非常通俗化，老少皆宜，并由此产生了茶的民间故事、传说、谚语等，这是茶文化的通俗性所在。但精致高雅的茶文化是植根于通俗的茶文化之中的，如果没有粗犷通俗的民间茶文化土壤，高雅茶文化也就失去了生存的基础。

### （三）功能与审美的结合

茶在满足人类物质生活方面表现出广泛的实用性。食用、治病、解渴都需要用到茶。而“琴棋书画诗酒茶”，茶又与文人雅士结缘，在精神生活需求方面，又表现出广泛的审美性。茶叶花色品种的绚丽多姿，茶文学艺术作品的五彩缤纷，茶艺、茶道、茶礼的多姿多彩，都能满足人们的审美需要。它集装饰、休闲、娱乐于一体，既是艺术的展示，又是民俗的体现。

### （四）实用与娱乐的结合

茶文化的实用性决定了茶文化的功利性，随着茶综合利用开发的进展，茶的利用已渗透到多种行业。近年来，开展的多种形式的茶文化活动，如茶文化节、茶艺表演、茶文化旅游等，就是以茶文化活动为主体，满足人们品茗、休闲、旅游的同时，又达到促进经济发展的作用，体现了实用与娱乐的结合。

总之，在茶文化中，蕴含着进步的历史观和世界观，它以健康、向上、平和的心态去鼓励人类实现社会进步的理想和目标。

# 第二节

# 茶的起源与传播

茶字经过一系列的演变，最终定形于中唐，有十笔画，上部为“艹”，像茶的穿叶；中部“人”像树冠；下部“木”代表树干。茶是木本植物，在植物分类系统中属于被子植物门，双子叶植物纲，山茶目，山茶科，山茶属。

## 一、茶的起源



### （一）茶的起源与原产地

中国是茶树的原产地。这一点得到世界各国的广泛认可。随着考证技术的发展和新发现，确认了中国西南地区，包括云南、贵州、四川是茶树原产地的中心。由于地质变迁及人为栽培，茶树开始由此普及全国，并逐渐传播至世界各地。茶是中华民族对世界文明的又一伟大贡献。

中国人也是最早发现和栽培茶树的，神农尝百草发现茶叶的传说，距今大约有五六千年的历史。或许神农仅是中国古代农业、畜牧业和文化发展神话的化身，并不真有其人，也不能确定就是他第一位发现了茶。但学者们普遍认为，公元3世纪之前，茶在中国就已经非常盛行了。到3000多年前的西周初期，中国人就开始栽培茶树。

被誉为地球的茶祖母——临沧凤庆香竹箐古茶树（如图1-1）距今3200年以上。该树高达10.6米，树冠11.5米，树干直径1.84米，基围5.8米。1982年，时任北京市农展馆馆长的王广志先生用同位素法推断其树龄为3200年。广州中山大学植物学博士叶创新对其进行研究，结论一致。2004年，中国农业科学院茶叶研究所林智博士及日本农学博士大森正司对其测定，亦认为其年龄在3200～3500年，在其周围还有栽培的古茶树群14000多株，这些古茶树是活化石，是人类悠久种茶、饮茶历史的有力见证。

图1-1　凤庆香竹箐古茶树

全世界山茶科植物共有23属380多种，我国有15属260多种，因此中国也当之无愧地成为茶树种质资源最丰富的国家。

### （二）用茶起源与演变

对茶的利用是从药用开始，然后才发展成为食用和饮用。

“神农尝百草，日遇七十二毒，得荼而解之”，“荼”是茶的古字。经过后人长期实践，发现茶叶不仅能解毒，如果配合其他中草药，还可以医治多种疾病。明代顾元庆在《茶谱》中写道：“人饮真茶能止渴、消食、除痰、少睡、利尿、明目益思、除烦去腻。”把茶的药用功能说得异常清楚。对于我国边疆少数民族，茶的药用功能更为突出。在少数民族地区，流传着“宁可三日无粮，不可一日无茶”的谚语。这是因为，像藏族、蒙古族、维吾尔族等少数民族都居住在高寒地区，日常主食都是牛羊等肉类食品，不易消化，而茶可以解油腻、有促消化功能以及补充各种维生素、微量元素。

早期的茶，除了作为药物，很大程度上还作为食物出现。吃“腌茶”“茗粥”“擂茶”的习俗还被部分少数民族保留了下来。

中国人利用茶的年代久远，但饮茶的出现相对要晚一点，有文献记载的是公元前59年，西汉辞赋家王褒的《僮约》中有所反映：“武阳买茶，烹茶尽具”，说明在西汉时期，已经有茶叶市场和饮茶的风尚，距今已有2000多年了。王褒是四川资中人，买茶之地也在四川，最早在文献中对茶有过记述的司马相如、扬雄也都是四川人，可以推断巴蜀地区最早开始饮茶。饮茶习俗的形成，从西汉到三国，也就是公元前的206年到公元260年的约500年间，在巴蜀之外，茶是供上层社会享用的一个珍稀植物，饮茶仅限于王公贵族。晋朝以后，饮茶逐步进入了中下层社会。两晋南北朝时期，公元265～581年，上至帝王将相，下到平民百姓，中及文人士大夫、宗教徒，社会各阶层普遍饮茶，饮茶成了中国人的一个习俗。公元618～906年，繁荣的唐王朝时期，饮茶之风最为盛行，被认为是茶的黄金时代，家家户户都饮茶，且流传于塞外。在此期间诞生了世界上第一部茶叶专著，由陆羽所著的《茶经》。陆羽的伟大之处，就是总括了在他以前千余年有文字记载的中国人加工茶、品饮茶、研究茶、颂扬茶的历史，并且身体力行做了长期的、广泛的实际考察和实践，以十分精练优美的文笔，系统地介绍和论述了到他的时代为止的有关茶的全部知识和学问，把人类饮茶从只是作为一种生理需要，提高到一种文化需要。

## （三）饮茶方法的演变

中国饮茶的历史经历了漫长的发展和变化时期。不同的阶段，饮茶的方法、特点都不相同。饮茶最初是烹煮饮用，唐代为煎，宋代为点，到明清时期改为冲泡。

唐朝时期，嫩叶一旦被采摘下来，就通过蒸、压、然后倒入模具制成饼状，烘烤至干燥。冲泡时，需将茶饼在火上烤至软化，再压碎成粉末，放入水中煮沸。在一些地方，为了减少茶的苦涩味，常在茶水中加入盐。也可以在茶水沸腾前或沸腾后加入各种调料，如甜葱、生姜、橘皮、丁香、薄荷等。

到了宋代，茶的冲泡方式有所变化，紧压的茶饼先研磨成粉末，然后轻轻地拂入沸腾的水中，产生具泡沫的茶汤。如果茶汤颜色呈现乳白色，茶汤表面泛起的汤花能较长时间凝住杯盏内壁不动，这样就算点泡出一杯好茶。为了评比调茶技术和茶质的优劣，宋代喜好斗茶。

元代以前，人们饮茶时有加入各种调料与茶混煮的习惯，但到了元代逐渐被人们所摒弃。明朝明太祖朱元璋体察民情，为减轻负担，下令贡茶改制，重散略饼，促进了散茶生产技术的发展，随之而来的是茶饮方式的简约化。因此，明清使用的是更为简单的清饮方式，即以沸水直接冲泡茶叶的方法，一直沿用至今。

## （四）茶叶生产的发展

两晋南北朝时期，重庆、湖北、湖南、安徽、江苏、浙江、广东、云南、贵州等地都有茶叶的生产。到了晋元帝时期，有安徽宣城地方官上表贡茶的记载。宋朝浙江也有郡太守在茶季到茶叶产地监制贡茶的记录。到了唐代，茶树的种植逐步由内地向长江中下游地区转移，长江中下游地区已经成为当时茶叶生产和技术的中心，这时候，茶叶的产区已经遍及当今中国中南部的14个省区。茶区的分布与近代茶区的分布已经非常接近了。宋代，茶叶传播到全国各地，茶叶的产区范围与现代已经完全相符。从五代和宋朝的初年起，全国的气候由暖转寒，致使我国南方的茶叶迅速地发展，福建的建安茶成为中国团茶、饼茶制作的技术中心，带动了闽南和岭南茶区的崛起和发展。明清以后，茶区和茶叶的发展主要是体现在六大茶类的兴起，在此之前基本上都是绿茶，或者一些简单的加工，而明清是茶叶加工种类发明最兴旺的一个时期。目前我国共有江北、江南、华南和西南四大茶区，有20个省、市、自治区，1000多个县、市产茶。茶在中国农业和农村当中有很重要的地位。中国从茶区面积和茶叶产量来说都是世界第一，其中绿茶是中国的特色，占主导地位，茶产量中70%是绿茶，其后依次是乌龙茶、红茶、黑茶、白茶、黄茶。



### （五）茶类的演进和发展

目前得到学术界和业界普遍认可和应用的茶叶分类方法是由安徽农业大学陈椽教授提出来的，依据茶叶加工方法和品质上的差异划分为六大茶类，即绿茶、黄茶、黑茶、红茶、青茶（乌龙茶）、白茶。用这六大基本茶类原料进行再加工形成的茶，比如花茶、紧压茶、萃取茶、茶饮料属于再加工茶类。

中国制茶历史悠久，以前，我们的祖先是手工制茶，家庭作坊式的生产，现在是机械化、工业化生产，所有的后期加工最初的目的都是为了解决茶叶储藏的问题，这就开创了制茶的先河，在长期的生产实践中逐步总结经验，不断创新，从鲜食到加工，然后加工方法再慢慢演变和发展，西周到东汉到三国再到初唐，从原始的散茶到原始的饼茶，就是茶叶直接晒干或者烘干收藏，然后发展到制成饼再烘干。到了唐宋，又发现了蒸青的团茶和蒸青的散茶，即用蒸汽来完成杀青（多酚氧化酶失活）的过程。到了明朝，烘青发展为炒青，这些都是绿茶的加工方法。黄茶是在杀青后没有来得及晾干、揉捻和再干燥，堆在一起叶子就闷黄了，加工过程中一次不经意的失误就诞生了另外一个茶类。黑茶起源于16世纪，之前在四川是绿茶，马帮运输到塞外的新疆、西藏，路途遥远、交通不便，为了节约空间便于运输，就将散茶压制成饼茶、砖茶，在此过程中要蒸压，湿茶压在一起经过微生物的发酵，毛茶的色泽逐步由绿变黑，变成了黑茶。红茶是在17世纪的明末清初发明的，先萎凋再揉捻，让多酚类物质被酶充分氧化，产生大量的色素，叶片由绿色变为铜红色。最先发明的小种红茶是在福建的崇安县武夷山区的桐木关一带，从小种红茶到工夫红茶，再到后来的红碎茶，红碎茶常常用于出口。我国是以工夫红茶为主，有著名的祁门红茶。青茶又叫乌龙茶，由武夷山茶农发明的制法，传统的乌龙茶有绿叶红边的美称，是因为在加工过程中需要颠簸茶叶，在不断的碰撞摩擦过程中，细胞破损，破损部位多酚发生酶促反应，变成红色，中间细胞完好，保持绿色。乌龙茶的生产从闽北传向闽南，因此，在广东和台湾都有生产。福建人发明了白茶的制法，鲜叶摊放，不炒不揉，直接晒干成白茶，氨基酸尤其是茶氨酸含量很高。国际贸易上，白茶的需求量也比较大。

## 二、中国茶的对外传播

世界各国的种茶、饮茶习俗，最早都是直接或者间接从中国传播出去的。这个传播与扩散，经历了一个由原产地到沿长江流域把茶叶传到南方各省，再传到韩国、日本、俄罗斯等周边地区，然后逐步走向世界的漫长过程。最初靠马和骆驼通过陆路，后来又开辟了海路。

### （一）东传日本

早在公元6～7世纪，日本与中国的佛教交流比较多，最早把茶叶种子带到日本栽种的被认为是日本僧人最澄，他在中国结束学习后回到日本，把茶籽栽种在日本日吉神社的旁边，成为日本最古老的茶园。公元12世纪早期，日本僧人荣西访问中国，他从中国带回更多的茶叶种子，也将中国饮用粉末绿茶的新风俗带回日本，同时也带回了对佛教教义的理解。品茶与佛教理念在日本相互依赖，共同发展，最终成就了一种复杂和独特的仪式，并保存至今，这就是日本茶道。



### （二）西传欧洲

1517年，葡萄牙海员从中国带回茶叶。1560年，葡传教士将中国茶叶品种及饮茶方法等知识传入欧洲。19世纪初期，在英国由一位公爵夫人安娜开发出午茶并一直流行至今。随着茶叶消费量的不断增加，英国每年需耗费大量资金从中国进口茶叶，而英国要向中国出口棉花，中国却不需要或者不想要。到了1800年，鸦片成为英国解决这个问题的突破口。

### （三）北传俄罗斯

1618年，中国使者带了几箱茶叶到俄国赠送给沙皇。由于路途遥远、行程缓慢，茶叶从中国种植者到达俄罗斯消费者手中需要16～18个月。直到1903年，贯穿西伯利亚的铁路竣工，延续了两百多年的商队贸易才告结束。铁路的开通使得中国的茶、丝绸和瓷器在2个星期内就可以直接运到俄罗斯。

### （四）南传印度、斯里兰卡

1780年，印度首次引种中国茶籽；1841年，斯里兰卡开始引种中国茶树。

目前茶叶已行销世界五大洲，上百个国家和地区，世界上有50多个国家引种和生产茶叶，160多个国家和地区的人民有饮茶的习俗，饮茶的人口有20多亿。茶叶促进了人类文明的发展，是我国和其他国家，其他民族交流的一个重要桥梁和载体。不仅如此，通过中国茶和茶文化的传播，带动世界茶文化、茶产业的发展。2008年奥运会开幕式上，有一个中华五千年文明的历史长卷，出现了两个汉字，一个是“茶”，一个是“和”，正是借此机会向世界传达中国茶文化的精髓——廉美和敬，由此产生出的文化认同感会让世界更加和谐、有序。

# 第三节
# 普洱茶历史变迁

普洱茶历史悠久，有着浓郁的地方特色和民族文化，下面就详细介绍其历史变迁。

## 一、普洱茶名称的由来

公元1729年，雍正皇帝设置普洱府，普洱府治所（官衙）设在现在的普洱县城里（原宁洱县），普洱府下辖现在的普洱市、整个西双版纳州和临沧部分地区。“普洱”为哈尼语，“普”为寨，“洱”为水湾，意为“水湾寨”，带有亲切的“家园”的含义。普洱一词原是指普洱人，即当今布朗族和佤族的先民濮人，经考证认为：先有普洱人（濮人），后有普洱地名，再后有普洱人种的普洱茶。普洱茶产于古普洱府所管辖地区，又因自古以来即在普洱集散，因而得名。

## 二、普洱茶的历史变迁

普洱茶的历史是迷蒙的，它的起源没有文字佐证，有认为云南的普洱茶是大叶种茶，也是最原始茶种的茶青制成的。所以中国茶的历史，就等于是普洱茶的历史。唐咸通三年（公元862年）樊绰出使云南。在他所著的《蛮书》卷七中有记载："茶出银生城界诸山，散收无采造法。蒙舍蛮以蔋、姜、桂和烹而饮之。"银生城即今普洱市景东县，其管辖范围包括今普洱、西双版纳等地区。但"银生城界诸山"不只局限于银生城，还应包括临沧、大理、德宏、红河、玉溪、保山等地的各大茶山。据考证银生城的茶应该是云南大叶茶种，也就是普洱茶种。所以银生城产的茶叶，应该是普洱茶的始祖。

宋朝的李石在他的《续博物志》一书也记载："茶出银生诸山，采无时，杂蔋姜烹而饮之。"从茶文化的历史认知，茶兴于唐朝而盛于宋朝。中国茶叶的兴盛，除了中华民族以饮茶为风尚外，更重要的因为"茶马市场"以茶叶易换西番之马，对西藏的商业交易，开拓了对西域商业往来的前景。

元朝整体在中国茶文化传承的起伏转折过程中，是平淡的一个朝代。可是对普洱茶文化来说，元朝是一段非常重要的光景。元朝有一地名叫"步日部"，由于后来写成汉字，就成了"普耳"（当时"耳"无三点水）。普洱一词首见于此，从此得以正名写入历史。没有固定名称的云南茶叶，也被叫作"普茶"逐渐成为西藏、新疆等地区市场买卖的必需商品。普茶一词也从此名震国内外，直到明朝末年，才改叫普洱茶。

明朝万历年间（公元 1620年），谢肇淛在他的《滇略》中有记载："士庶用，皆普茶也。蒸而成团。"这是"普茶"一词首次见诸文字。明朝，茶马市场在云南兴起，来往穿梭云南与西藏之间的马帮如织。在茶道的沿途上，聚集而形成许多城市。以普洱府为中心点，透过古茶道和茶马大道极频繁的东西交通往来，进行着庞大的茶马交易。蜂拥的驮马商旅，将云南地区编织为最亮丽光彩的画面。

清朝中叶，古“六大茶山”鼎盛，此时的普洱茶脱胎换骨，变为枝头凤凰，备受宫廷宠爱更成为贡茶，而且产品远销四川、西藏、南洋各地，普洱茶从此闻名中外，普洱茶外销之路，就是历史上的茶马古道。



## 三、普洱茶加工工艺的历史演变

普洱茶以普洱地区命名，千百年来，其独特的韵味享誉古今中外，普洱茶兴于东汉，商于唐朝，始盛于宋，定型于明，繁荣于清。雍正七年（1729年）设置普洱府，下辖今普洱和西双版纳地区，并随着清朝时期普洱茶入贡清政府宫廷受宠而进入发展鼎盛时期。历史上由于交通不便，普洱茶运输只好靠马帮，经茶马古道外运，为便于运输将茶叶制成团、砖、饼等形状之紧茶，且在越区运输、储藏过程中，茶叶产生自然发酵，形成了独特的香气滋味和保健功效。



在19世纪初期，云南普洱茶的生产交易中心是古六大茶山的易武地区和普洱地区，由于战争的原因，各茶庄商号在20世纪30～40年代相继歇业，生产跌入谷底，进入衰退时期。1938年5月，当时的国民政府派遣范和钧率领一批非云南籍技术人员到佛海（今勐海）成立官办“中茶公司佛海茶厂”，开云南机械制茶之先河，开始生产机制茶，同样由于战争的原因，茶厂很快就停产关闭了，但云南茶叶生产的中心开始转到代表新技术的佛海地区。

新中国成立以后，普洱茶生产开始恢复。1952年，佛海茶厂再次复业，并在1953年改名为后来大名鼎鼎的勐海茶厂，成为云南普洱茶中的领军企业。在昆明、勐海、下关三大茶厂没有开始压饼之前，20世纪50年代初出口香港的多是散茶，由于生产已经采取新工艺，到港的晒青毛茶不再有发酵，云南大叶种茶的苦涩、味重、霸气一览无遗，是喝惯了传统发酵普洱茶的港人所接受不了的。另外，新中国成立之前，也有一些云南茶庄商号的老板到香港定居，带去了传统普洱茶发酵的方法，于是在香港最早开始了用散茶人工发酵加工普洱熟茶，当时有如下几家：联同隆、恒瑞翔、南记、生记、林记、宝泰、同安及长洲福华等。20世纪50～70年代，云南普洱茶多是通过广东省茶叶进出口公司出口到香港的，所以香港人工发酵普洱茶的消息很快就传到了广东，广东也开始研究实验泼水发酵并取得进展。据记载20世纪50年代后期，云南也曾实验过热蒸发酵，但没有取得成功。



1973年开始形成云南普洱茶现代熟茶工艺。根据《云南茶叶进出口公司志》记载：1973年，云南省茶叶进出口公司派出考察小组对广东的普洱熟茶生产工艺进行了考察，回来后组成技术攻关小组，并最终在昆明茶厂实验成功，从此诞生了现在的渥堆发酵熟茶工艺。

## 四、“七子饼”的由来

七在中国是一个吉利的数字，七子是多子多福象征。七子的规制是起自清代，《大清会典事例》载：“雍正十三年（公元1735年）提准，云南商贩茶，系每七圆为一筒，重四十九两（合今1.8千克），征税银一分，每百斤给一引，应以茶三十二筒为一引，每引收税银三钱二分。于十三年为始，颁给茶引三千。”这里，清政府规定了云南藏销茶为七子茶，但当时还没有这个提法。

清末，由于茶叶的形制变多，如宝森茶庄出现了小五子圆茶，为了区别，人们将每7个为一筒的圆茶包装形式称为“七子圆茶”，但它并不是商品或商标名称。“民国”初期，面对茶饼重量的混乱，竞争的压力，一些地区成立茶叶商会，试图统一。如思茅茶叶商会在“民国”十年左右商定：每圆茶底料不得超过6两，但财大气粗又有政界背景的“雷永丰”号却生产每圆6两5钱每筒8圆的“八子圆”茶。在不公平的竞争下，市场份额一时大增。

新中国成立后，茶叶国营，云南茶叶公司所属各茶厂用中茶公司的商标生产“中茶牌”圆茶。其商标使用年限为1952年3月1日起至1972年2月28日止。因此20世纪70年代初，云南茶叶进出口公司希望找到更有号召力、更利于宣传和推广的名称，他们改“圆”为“饼”，形成了吉祥的名称——“七子饼茶”。从此，中茶牌淡出，圆茶的称谓也退出舞台，成就了七子饼的紧压茶霸主地位。

中国的茶是中国对世界的贡献。迄今为止，红茶早已红遍世界，茉莉花茶随《好一朵茉莉花》香飘全球，绿茶日益成为世界性健康热点饮品，而以铁观音为代表的青茶和以普洱茶为代表的黑茶正成为中国时尚的韵与味，日久而弥香。

# 第四节 各国茶俗

茶叶、咖啡与可可被并称为世界三大饮料。迄今，世界上有50多个国家种茶，160多个国家的人民有饮茶的习惯。茶，不仅是世界各国人们的生活方式，更是国际交流的重要媒介。现今，国际茶文化交流活动频繁，不同国家的茶人常常相聚在一起，共同探讨茶的历史与现状，展望茶文化的未来，在交流中互相学习，相互了解，增进友谊。茶，这样一片树叶，由于各国的国情、民俗不同，历史变迁的差异，造就了丰富多彩的饮用、食用方式，也随之形成了各具特色的茶道文化，也让茶这片树叶在世界各国扮演起了不同的角色。



## 一、空寂中的日本茶道

### （一）日本茶道简史

日本的历史文化发展与中国有着非常密切的关系，特别在大化革新之后，日本全面吸收唐朝文化体制，与此同时茶和饮茶习惯也就此传入日本。

日本在我国唐朝时期，曾多次派使节前来，而跟随而来的还有留学生和僧侣。我国唐朝时期饮茶之风盛行，僧侣除了佛教的传播以外，也把唐朝的文化也传入了日本，而饮茶就是这其中之一。

最澄（767～822年）被日本人认为是最早携入茶种的茶祖，平安初期，最澄归国时，将带回的茶种植于比睿山山麓的阪本，现今立碑叫“日吉茶园”，相传是日本最早的茶园遗迹。

而荣西（1141～1215年）则是促成日本茶叶发展与普及的重要人物。他除了广植茶树以外，还著作了日本第一部茶书《吃茶养生记》。在此书中，荣西开宗明义说道：“茶也，末代养生之仙药，人伦延龄之妙术也。山谷生之，其地神灵也；人伦采之，其人长命也。天竺、唐土同贵重之，我朝日本，昔嗜爱之……”。该书分上下两卷，上卷主要是分析五脏的保养，下卷是遣除鬼魅门。荣西认为：“日本国不食苦味乎，但大国独吃茶，故心藏无病，亦长命也，我国与有病瘦人，是不吃茶之所致也。若人心神不快，尔时必可吃茶，调心藏，除愈万病矣！”



日本茶道的创立与形成可以说是镰仓末期到室町初期，而千利休（1522～1591年）则是日本茶道的集大成者。利休为了表达“空寂茶道”的思想，创立了草庵式小茶席，为了配合小茶席的空间，还自行设计了各种小型的茶具，这也对日本陶艺、工艺的发展有很大的贡献。利休主张茶室的简洁化、庭园的创意化，茶碗小巧、木竹互用，并且这种小茶席的茶法，以精纯朴拙的手法，来表达茶会的旨趣和茶道的奥义。

建立现在日本千家茶道的基础是利休的孙子千宗旦。宗旦有四子，长男宗出、次男宗守、三男宗左、四男宗室。宗旦把“不审俺”让给宗左，发展流传下来成为三千家之一的表千家。四男宗室在其北侧的“今日庵”发展为里千家。而次男宗守建“官休庵”传授茶道，称武者小路千家。今天三千家还是日本最兴盛、最庞大的茶道流派，培育出很多的茶道人才。

### （二）日本茶道精神

“和、敬、清、寂”是日本茶道的中心思想。“和”不仅强调主人对客人要和气，客人与茶事活动也要和谐；“敬”表示相互承认，相互尊重，并做到上下有别，有礼有节；“清”是要求人、茶具、环境都必须清洁、清爽、清楚，不能有丝毫的马虎；“寂”是指整个茶事活动要安静、神情要庄重，主人与客人都是怀着严肃的态度，不苟言笑地完成整个茶事活动。“和、敬、清、寂”始创于村田珠光，正式的确立者则是千利休，400多年来一直是日本茶人的行为准则。

### （三）日本抹茶与煎茶

现日本茶道一般指的是抹茶而进行的茶法，而煎茶道则是另一套茶法。由于使用的茶不同，器具、手法流程、吃茶方法也都有很大差异。

抹茶是把茶的生叶蒸青后干燥，把叶片经石磨碾成极细的茶粉。点茶时将茶粉放入碗中，注入熟汤，用茶筅拂击茶汤至茶水交融，然后分几次喝下。

而煎茶则是直接将茶叶放入茶壶中，注入熟汤，再将煎好的茶汤倒入茶碗中饮用。日本煎茶道的形成是受到中国明清泡茶的影响，再加之儒家思想的注入，经过煎茶道始祖“卖茶翁”的统合，最终形成了日本煎茶道的独特思想。

# 二、“中正”与韩国茶道

## （一）韩国茶道简史

韩国从新罗时期就形成了饮茶之风，至今也有数千年的历史了，而韩国饮茶历史的开启和茶文化的盛行与中国有着非常密切的联系。

公元4世纪，朝鲜半岛正是高句丽、百济、新罗三国鼎立的时期，高句丽是这一时期半岛的霸主。公元660年，新罗在中国的帮助下灭百济，又于公元668年灭高句丽，进而统一朝鲜半岛以南地区，定都庆州，效仿唐朝的国家制度，与中国的政治、经济、文化交往异常频繁。公元828年，新罗使节大廉将茶籽从大唐带回，植于地理山，从而开启了种茶、饮茶之风。在朝鲜《三国本纪》卷十《新罗本纪》中也有专门记载：“入唐回使大廉，持茶种子来，王使植地理山。茶自善德王时有之，至于此盛焉。”新罗时代，饮茶盛于寺刹与王室中，这时也出现了茶具与茶器的划分。

高丽时代是饮茶与茶礼的鼎盛时期。这时朝廷专设“茶房”，茶房官员主持宗庙祭祀、接待外国使臣、国王外出时用茶准备；司宪府中每天有规定的“茶时”，公务人员喝茶后头脑清晰，可确保公务行之有效，提倡“饮茶乃清白官吏养成美德之途径”；僧侣们不但在各种礼佛仪式上用茶，在日常修行生活中也经常饮茶；饮茶风在市民阶层也普及了，城中设有“茶房、茶店”，专门售卖茶叶、茶水。

到朝鲜时代，出现了饮茶生活走向衰弱，而茶文化精神走向顶峰的交叉时期。由于灭佛运动兴起，茶礼受影响，加之过度的贡税和茶价的高昂，老百姓已无力喝茶。但饮茶是僧侣日常修行的重要方式，并且最初将饮茶与茶礼推广开来的也是僧侣们。所以，虽然在朝鲜时代这样饮茶衰弱的环境下，茶文化思想在僧侣心中还是无法磨灭的，反而越挫越勇，涌现出了大批优秀的茶专著与作品。

草衣禅师就是这一时期历史铸就的一大圣人。他建造“一枝庵”草堂，并在周边种植茶树，用乳泉泡茶，独自专心于止观修行40多年，撰写了与陆羽《茶经》比翼的《东茶颂》，后人把草衣禅师尊为韩国的“茶圣”。

战争使韩国茶文化几乎中断。1979年朴东昇组织韩国茶人联合会，开始再度弘扬韩国茶文化。茶礼教育渗入到从幼儿园至大学教育，大学和研究生院纷纷将茶作为独立的专业纳入课程。

韩国茶道“中正”精神。在草衣禅师的《东茶颂》中，两次提到了“中正”一词，“體神雖全猶恐過中正，中正不過健靈併”。1979年，在韩国茶人会上，正式把“中正”确立为韩国茶道文化的中心思想，并以此为茶人的行为准则。“中正”包含了四层含义，既不多余，又不缺少；万人平等；先人后己；追思根源，回归自然。

## 三、饮茶王国的英式下午茶

“当时钟敲响四下时，世上的一切瞬间为茶而停。”这是英国一首著名的民谣，饮茶可以说就是英国人的一种生活方式。据统计，英国每年消耗近20万吨的茶叶，占世界茶叶贸易总量的20%，有80%的英国人每天有饮茶的习惯，年人均饮茶约3千克，茶叶消费量几乎占各种饮料总消费量的一半。由此可见，英国确是名副其实的“饮茶王国”。

1662年，葡萄牙公主嫁给英国国王查理二世，中国茶作为她的嫁妆带到了英国。由于凯瑟琳的宣传提倡，饮茶之风盛行于英国宫廷，又扩展到王公贵族及富豪、世家，后来饮茶进一步普及到民间大众，风靡英国。

英国人最初是饮用绿茶和武夷茶，后来渐渐改变成喝红茶，并且发展出自己独特的红茶文化。英国人每天的饮茶时间非常多，寝觉茶、早餐茶、早休茶、午餐茶、午休茶、下午茶、餐后茶等等，即使在忙碌的上班时间也要抽空来喝杯茶。茶已成为英国人生活中不可或缺的重要元素。



下午茶是在18世纪就存在的饮茶习惯，一般来说下午茶是一个喝茶的时段，由于午餐吃得简单，晚餐又吃得较晚，相隔的时间较长，因此选择在4点这个时段喝茶，吃些小点心。主人会把家中珍藏的茶具拿出来，铺上美丽的桌巾，放上点心，香醇的红茶招待左邻右舍或亲朋好友。下午茶可以说是英国人社交活动的重要途径之一，是人际交往的重要桥梁。

## 四、 俄罗斯人的茶炊饮茶生活

俄罗斯人第一次接触茶是在1638年。当时作为友好使者的俄国贵族瓦西里·斯塔尔可夫遵沙皇之命赠送给蒙古可汗一些紫貂皮，蒙古可汗回赠的礼品便是4普特（约64千克）茶。品尝之后，沙皇即喜欢上了这种饮品，从此茶便登上皇宫宝殿，随后进入贵族家庭。

从17世纪70年代开始，莫斯科的商人们就做起了从中国进口茶叶的生意。清朝康熙皇帝在位时，中俄两国签订了关于俄国从中国长期进口茶叶的协定。但是，从中国进口茶叶，路途遥远，运输困难，数量也有限。因此，茶在17～18世纪的俄罗斯成了典型的“城市奢侈饮品”。直到18世纪末，茶叶市场才由莫斯科扩大到少数外省地区，到19世纪初饮茶之风在俄国各阶层才开始盛行。

俄罗斯人酷爱喝红茶，喝红茶时习惯加糖、柠檬片、果酱、奶油，有时也加牛奶。这是为了让红茶中充满果香、甜香，去除红茶中的涩味。

中国人饮茶讲究茶具，俄罗斯人饮茶不能不提到有名的俄罗斯茶炊，有“无茶炊便不能算饮茶”的说法。茶炊实际上是喝茶用的热水壶，装有把手、龙头和支脚。茶炊的四周装水和茶叶，中间有一个空筒，可放燃烧的木炭，金属外壁安有小水龙头，烧开后可直接放茶水。在现代俄罗斯家庭，很多人更多地使用电茶炊。电茶炊的中心部分已没有了盛木炭的直筒，也没有其他隔片，茶炊的主要用途变成单一的烧水。人们用瓷茶壶泡茶叶，3～5分钟之后，往杯中倒入适量泡好的浓茶水，再从茶炊里接煮开的水入杯。

虽然旧时的传统茶炊已渐渐变为装饰品、工艺品，但每逢佳节，俄罗斯人还是会把茶炊摆上餐桌，家人、朋友围坐在茶炊旁饮茶，其乐融融的氛围随着一杯茶传递着。

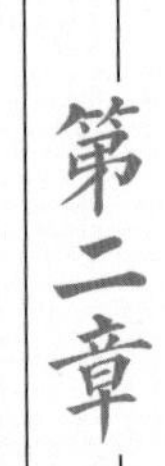

# 第二章 普洱茶基础知识

我国是茶的发源地，也是茶类最多、最齐全的产茶国家，茶叶的品目繁多，命名复杂。我国自古以来就注重茶叶的分类，茶类的划分随朝代而不断演化。

# 第一节

## 茶叶的分类

茶叶是以茶树（*Camellia sinensis* L.O. Kunts）的芽、叶、嫩茎为原料，以特定工艺加工的、不含任何添加剂的、供人们饮用或食用的产品。我国是茶的发源地，也是茶类最多、最齐全的产茶国家，茶叶的品目繁多，命名复杂。我国自古以来就注重茶叶的分类，茶类的划分随朝代而不断演化。唐宋时代以茶的外形进行分类，陆羽在《茶经》中称“饮有粗茶、散茶、末茶、饼茶”。宋代将饼茶等紧压茶类称为“片茶”。元代根据茶质将散茶分为“芽茶”和“叶茶”。明代以来，逐步发展到以汤色作为茶叶分类的重要依据，将茶叶归纳为白茶、绿茶、黄茶、红茶和黑茶等五大类。明末清初出现乌龙茶后，我国茶叶的分类方法较多，有以销路分类，有以制法、品质或季节等分类。

新中国成立后，安徽农业大学茶学专家陈椽教授提出六大茶类分类方法，并建立了六大茶类分类系统。另外，中茶所程启坤研究员提出综合茶叶分类方法，将茶分为基本茶类（即六大茶类）和再加工茶类（花茶、紧压茶、含茶饮料等）两大类的基本分类法。该方法至今为国内外所接受。在本文中又增加一种新的茶叶分类方法：四位一体法。

## 一、基本分类法

此种方法以生产工艺、产品特性、茶树品种、鲜叶原料和生产地域进行分类。大体上将茶叶分为基本茶类和再加工茶类两大部分。根据制造方法不同和品质上的差异，通常将茶叶分为绿茶、红茶、青茶（即乌龙茶）、白茶、黄茶和黑茶六大类。

**1. 绿茶**

绿茶类属不发酵茶。鲜叶采摘后杀青、揉捻、干燥而成的茶。以干燥方式进行分类，又可分为：以锅炒而成的炒青绿茶，如西湖龙井、碧螺春；以高温蒸汽蒸煮的蒸青茶，如日本的煎茶、玉露；烘青绿茶，如黄山毛峰、太平猴魁；晒青绿茶，如滇青、川青。

**2. 红茶**

红茶类属全发酵茶。制作过程是萎凋、揉切，然后进行完整发酵和烘干。目前市场上有小种红茶、工夫红茶和红碎茶三大类。

**3. 青茶（乌龙茶）**

青茶类属半发酵茶。青茶是福建和台湾最知名的茶类，以生产地域、茶树品种和产品特性分类可分为闽南乌龙茶，如铁观音、黄旦、本山、梅占、毛蟹；闽北乌龙茶，如武夷岩茶、水仙、大红袍、肉桂等；广东乌龙茶，如凤凰单枞、凤凰水仙；台湾乌龙茶，如洞顶乌龙等。

**4. 白茶**

白茶类属微发酵茶。鲜叶采摘下来后经过轻微萎凋，直接晒干和晾干。主产地在福建一带，如白毫银针、寿眉牡丹、白芽茶（银针）；白叶茶，如白牡丹、供眉等。

**5. 黄茶**

黄茶类属后发酵茶。在制作过程中需经闷黄，使茶叶与茶汤的颜色呈黄色。黄茶种类有：黄芽茶，如君山银针、蒙顶黄芽等，此外还有黄小茶和黄大茶。

**6. 黑茶**

黑茶类属后发酵茶。制作方法是杀青、揉捻、渥堆、干燥、毛茶蒸堆、压制等工序。如普洱茶（滇桂黑茶）、湖南黑茶（安化黑茶等）、湖北黑茶（蒲沂老青茶）、四川边茶（南路边茶、西路边茶）、滇桂黑茶（广西六堡茶）等。

再加工茶类主要有花茶、紧压茶和萃取茶。花茶如茉莉花茶、珠兰花茶、玫瑰花茶等；紧压茶如黑砖、饼茶等；萃取茶叶叫速溶茶。

这种将茶叶分为基本茶类和再加工茶类的分类方法是我国一直采用的茶叶分类方法，具体分类信息如图2-1。

- 茶
  - 基本茶类
    - 绿茶
      - 炒青绿茶
        - 眉茶（炒青、特珍、珍眉、凤眉、贡熙等）
        - 珠茶（珠茶、雨茶、秀眉等）
        - 细嫩炒青（龙井、大方、碧螺春、雨花茶、松针等）
      - 烘青绿茶
        - 普通烘青（闽烘青、浙烘青、徽烘青、苏烘青等）
        - 细嫩烘青（黄山毛峰、太平猴魁、华顶云雾、高桥银峰等）
      - 晒青绿茶（滇青、川青、陕青等）
      - 蒸青绿茶（煎茶、玉露等）
    - 红茶
      - 小种红茶（正山小种、烟小种等）
      - 工夫红茶（滇红、祁红、川红、闽红等）
      - 红碎茶（叶茶、红碎、片茶、末茶）
    - 乌龙茶（青茶）
      - 闽北乌龙（武夷岩茶、水仙、大红袍、肉桂等）
      - 闽南乌龙（铁观音、奇兰、水仙、黄金桂等）
      - 广东乌龙（凤凰单枞、凤凰水仙、岭头单枞等）
      - 台湾乌龙（冻顶乌龙、包种、乌龙等）
    - 白茶
      - 白芽茶（银针等）
      - 白叶茶（白牡丹、贡眉等）
    - 黄茶
      - 黄芽茶（君山银针、蒙顶黄芽等）
      - 黄小茶（北港毛尖、沩山毛尖、温州黄汤等）
      - 黄大茶（霍山黄大茶、广州大叶青等）
    - 黑茶
      - 湖南黑茶（安化黑茶等）
      - 湖北老青茶（蒲圻老青茶等）
      - 四川边茶（南路边茶、西路边茶等）
      - 滇桂黑茶（普洱茶、六堡茶等）
  - 再加工茶
    - 花茶（茉莉花茶、珠兰花茶、玫瑰花茶、桂花茶等）
    - 紧压茶（黑砖、茯砖、方茶、桂花茶等）
    - 萃取茶（速溶茶、浓缩茶等）
    - 果味茶（荔枝红茶、柠檬红茶、猕猴桃茶等）
    - 药用保健茶（减肥茶、杜仲茶、甜菊茶等）类含茶饮料（茶汽水、茶可乐等）

图2-1　茶叶基本分类

## 二、茶新分类方法——四位一体法

20世纪80年代以来，日本茶学界从茶叶制法的系统性、品质的系统性和内含物质的系统性出发，认为发酵的方式与程度对茶叶内质和外形，以及茶叶的内含物质和品质有着关键的作用，将茶叶分为不发酵茶、前发酵茶和后发酵茶等三大类别。绿茶、白茶等属于不发酵茶类。杀青之前进行“发酵”生产的茶类为前发酵茶。前发酵是通过茶新鲜叶片自身的酶系统进行的酶转化，包括半发酵茶和全发酵茶两类。乌龙茶系列属于半发酵茶类，红茶属于全发酵茶类。茶叶在“杀青”之后的“后发酵”过程是在微生物的参与下进行的。如各种黑茶、云南布朗族的酸茶、泰国的“Miang”茶、日本的基石茶和阿波番茶等。由于不发酵茶、前发酵茶和后发酵茶的加工过程有显著差异，发酵的机理完全不同，使茶叶的化学成分，特别是多酚类化合物的组成产生了显著的变化。乌龙茶和红茶的多酚类成分在茶叶中天然存在的酶的作用下，通过酶转化作用形成氧化程度各异的氧化产物：后发酵茶在微生物的作用下，通过特定微生物酶系统进行复杂的生物转化，不仅使多酚类成分产生复杂的结构转化反应，同时还形成了一系列的新型代谢产物。不同的加工方法生产的茶叶产品均具有独特的汤色、口感和风味。这一分类方法科学地归纳了茶叶的基本茶类，具有实用性和可操作性，已得到普遍的认同。我国传统的六大基本茶类均可以该分类系统为基础进行归纳和分类。

20世纪90年代，茶叶深加工技术水平不断提高，茶新产品不断涌现。针对这种状况，西南农业大学茶学专家刘勤晋教授提出了茶三位一体分类方法，将茶分为茶叶饮料、茶叶食品、茶叶保健品、茶叶日用化工品及添加剂，其中茶叶饮料又分泡饮式、煮饮式、直饮式三类 。茶三位一体分类方法目前是国内外最新、最全面、最先进的分类方法，但该方法依然有不足：一是体现茶叶加工技术发展和加工形态变化不足；二是反映我国茶业发展现状和特色不足；三是促进茶新产品开发、新技术创新不足。在前人研究的基础上，结合我国茶业发展的特色，华中农业大学的黄友谊等提出适合茶业发展的新分类方法，即以加工深度、用途、制法、品质于一体的四位一体分类方法（如图2-2）。该方法首次依据加工深度将茶分为初加工茶、再加工茶、深加工茶三大类。茶叶四位一体分类方法将对21世纪茶业的发展起促进作用，但21世纪茶业高新技术的发展也将推动茶分类方法的发展。

- 茶
  - 初加工茶
    - 非发酵茶
      - 绿茶—— 按制法分：炒青如长炒青；烘青如浙烘青；晒青如滇青；蒸青如玉露茶
      - 黄茶—— 按制法分：湿坯闷堆如鹿苑茶；干坯闷堆如君山银针
    - 前发酵茶
      - 青茶——按发酵程度分：轻发酵青茶如闽北乌龙；中度发酵茶如闽南乌龙；重发酵青茶如台湾乌龙
      - 白茶——按发酵程度分：半萎凋白茶如仙台大白；全萎凋白茶如白毫银针；重发酵白茶如新白茶
      - 红茶——按发酵程度分：小种红茶如正山小种；工夫红茶如宜红、祁红；红碎茶如CTC红茶、高香红茶
    - 后发酵茶
      - 黑茶——按产地分：湖北老青砖、湖南黑茶、四川黑茶、滇桂黑茶
      - 酸茶——腌茶、酸茶、基石茶、缅甸腌茶、阿波晚茶、泰国Miang茶
    - 特种茶—— 按利用物分：叶茎类如绞股蓝茶、车前草茶；叶类如杜仲茶、老鹰茶；花类如金银花茶、菊花茶；微量元素类如富硒茶；其他类如红茶
    - 名优初加工茶——按制发和品质分：名优绿茶、名优红茶、名优青茶、名优白茶、名优黄茶
  - 再加工茶
    - 精制茶—— 按原料分：精制绿茶如眉茶；精制红茶如精制红碎茶；精制青茶
    - 花茶
      - 窨制花茶——按窨花分：茉莉花茶、桂花茶、珠兰花茶
      - 调香花茶——按香型分：玫瑰花茶、果味花茶
    - 坚压茶—— 按原料分：紧压绿茶如沱茶；紧压红茶如米砖茶；紧压黑茶如贡尖、茯砖
    - 保健茶—— 按保健目的分：养生茶、降压茶、减肥茶、护齿茶、抗辐射茶
    - 袋泡茶—— 按原料分：袋泡绿茶、袋泡红茶、袋泡花茶、袋泡特种茶、袋泡保健茶
    - 茶食品
      - 茶菜肴——龙井虾仁、凉拌嫩茶尖、清蒸茶鲫鱼
      - 茶良——茶粥、茶鸡饭、盐茶鸡蛋、茶叶蛋
      - 民族茶——油茶如土家族油茶；奶茶如蒙古奶茶；擂茶如广西擂茶、江西擂茶
    - 名优再加工茶——按制法和品质分：名优花茶、名优袋泡茶、名优保健茶、名优茶食品
  - 深加工茶
    - 茶饮料
      - 固体茶饮料——纯茶固体饮料如红茶速溶茶；调配型固体茶饮料如果味速溶茶
      - 液体茶饮料
        - 纯茶饮料：绿茶饮料、花茶饮料、乌龙茶饮料
        - 调配茶饮料：冰茶、泡沫茶、果茶
        - 发酵茶饮料：红茶菌、茶酸奶、茶酒
    - 深加工茶食品—— 按用途和品质分：茶糖果、茶点心、茶冷饮、茶乳制品
    - 茶化工品
      - 茶添加剂—— 茶多糖、茶多酚、咖啡碱、茶氨酸、儿茶素、茶色素、茶皂素
      - 茶日用化妆品—— 茶籽油、茶沐浴露、茶化妆品、防臭剂、抗氧化剂
    - 茶医药保健品—— 亿福林、儿茶酚口服液、茶多糖抗辐射剂、茶色素胶囊
    - 名优深加工茶—— 按用途和品质分：名优茶饮料、名优茶化工品、名优茶保健品

图2-2　茶叶四位一体分类法

# 第二节

# 普洱茶基础知识

## 一、什么是"普洱茶"？

云南省质量技术监督局发布实施的DB53/T103-2003《云南地方标准——普洱茶》中，将普洱茶定义为："普洱茶是以云南省一定区域内的云南大叶种晒青毛茶为原料，经过后发酵加工成的散茶和紧压茶。其外形色泽褐红，内质汤色红浓明亮、香气独特陈香，滋味醇厚回甘，叶底褐红。"可见，此种对普洱茶的定义包含了四层含义：

（1）是以地理标志保护范围内：限于国家质量监督检疫行政主管部门批准的地域范围。特指云南省普洱市、西双版纳州、临沧市、昆明市、大理州、保山市、德宏州、楚雄州、红河州、玉溪市、文山州等11个州（市）、75个县（市、区）、639个乡（镇、街道办事处）现辖行政区域。

（2）是以云南大叶种鲜叶制成的晒青毛茶为原料。

（3）是经后发酵处理：可由晒青茶及制品经较长时间存储陈化，也可将云南大叶种晒青茶或普洱茶（生茶）在特定的环境条件下，经微生物、酶、湿热、氧化等综合作用，其内含物质发生一系列转化，而形成普洱茶（熟茶）独有品质特征的过程。

（4）是加工成的散茶和紧压茶具有独特的外形、内质特点，四层含义缺一不可。

如果脱离了云南一定区域，到另外的省或别的国家和地区去加工普洱茶，一定加工不出地道的云南普洱茶。晒青茶和以其压制的紧压茶，在没有形成普洱茶独特的外形、内质风格时，从严格的意义上说，是不能称之为普洱茶的，只能称为普洱茶的原料。

此定义显然较为狭隘，认为只有经过后发酵的熟茶才是普洱茶。在国标GB/T22111-2008里对普洱茶的定义：普洱茶是以地理标志保护范围内的云南大叶种晒青茶为原料，并在地理标志保护范围内采用特定的加工工艺制成，具有独特品质特征的茶叶，按其加工工艺及品质特征，普洱茶分为普洱茶（生茶）和普洱茶（熟茶）两种类型。

2014年新茶叶分类标准（GB/T30766-2014）中对普洱茶的定义：云南滇西南地区的大叶种茶树鲜叶经杀青、揉捻、日晒、渥堆、干燥等工序而制成的产品。

图2-3 晒青毛茶

图2-4 青饼

图2-5 青砖

但是，目前，消费者、茶叶生产者、经销者对普洱茶的认识还存在混淆和狭隘，茶叶学术界对普洱茶的定义和分类的争议也颇大，专家们希望把普洱茶定义得广泛些、全面些。

图2-6 青沱

笔者在走访了大量的茶叶专家、茶叶经销商和喜爱普洱茶的消费者，认为广义的“普洱茶”应包括晒青茶、熟茶和陈茶三大系列。晒青茶是云南一定区域内大叶种茶树鲜叶经过杀青、揉捻、日光干燥和蒸压成型等工艺制成的产品，分为晒青毛茶、青饼、青砖和青沱（如图2-3、图2-4、图2-5和图2-6）等。既可作为绿茶饮用，又可通过自然发酵过程转化为陈茶，或通过人工发酵技术转化为熟茶。熟茶是由晒青毛茶经渥堆等特定工艺发酵加工形成的散茶和紧压茶（如图2-7）。陈茶是晒青茶经自然发酵过程形成的（如图2-8）。笔者关于普洱陈茶的品鉴和分类定义将会在后续书籍中有更详细的说明。

图2-7　熟茶

图2-8　陈茶

多种类型的普洱茶以相同的产地、相同的原料、悠久的历史、特有的文化内涵，形成特有的茶类。如同许多发酵食品一样（如：葡萄酒、白酒、陈醋、火腿等），陈化对于普洱茶品质的优化亦有重要的影响，如《红楼梦》中所描述的“女儿茶”，以及长期陈放的“边茶”“外销茶”和各种紧压茶等，经过陈放的普洱陈茶无论汤色和口感等均产生了明显的变化，这亦是由于陈放过程中的物质转化形成的。显然，普洱茶“越陈越香”之说是有一定依据的。鉴于晒青茶能通过自然发酵和陈化转化为优质的普洱陈茶，晒青茶的收藏价值受到人们的重视，形成了普洱茶特有的文化现象和市场特性。



## 二、普洱茶的特点

普洱茶作为一种云南省地理标志性产品，有与其他茶类截然不同的特点，也就是普洱茶的“六奇”。

### （一）产地奇

经历了由地名命名而发展为专门茶类的一种茶叶，地域特征明显。普洱茶的原产地在澜沧江下游一带的各大茶山，尤其以六大茶山为代表，超出了这一特定区域范围的茶叶，严格讲不能称之为普洱茶。

### （二）品种奇

茶树鲜叶为云南大叶种茶树上的鲜叶，大叶种茶不同于中小叶种茶，其外形上是乔木大树，叶片较中小叶种大，且茶芽肥厚柔嫩，内含物质丰富，活性成分高，保健功效强。

### （三）制作工艺奇

普洱茶是用云南大叶种茶叶为原料，经过后发酵制作而成。其制作工序：云南大叶种的鲜叶经过杀青→揉捻→晒干→晒青毛茶（蒸压成型成为晒青茶）→渥堆→翻堆→干燥→分筛（普洱散茶）→拣剔→拼配→高温蒸压做形→干燥→普洱熟茶（紧压茶）。

### （四）形状奇

普洱茶除散茶外，紧压成型的普洱茶有各种形状，小的如3克迷你沱、100克沱茶、250克沱茶、砖型、圆饼，大的如金瓜、葫芦、屏风、大匾等。

### （五）品质奇

普洱茶属于后发酵茶，有越陈越香的特点，存放的年代越久，品质越好，价格越贵，也越受老茶人的喜爱和追捧。这是其他茶类所不具备的特征。如贮存保管得当，可贮存几十年，因此被称为能喝的“古董茶”，将茶视为古董，唯有普洱茶。

### （六）饮用奇

普洱茶是最讲究冲泡技巧和品饮艺术的茶类，在云南，普洱茶的冲泡非常讲究，对水、器等都有研究，这个在后面的品鉴里会详细介绍，除了清饮外，人们喜欢把普洱茶和自己民族的传统和风俗结合起来形成多样的品饮方法，制作成各种调饮茶。

正是因为上述特点，使普洱茶成为可收藏、鉴赏的“古董”，世界上除了法国波尔多的红酒外，就是中国云南的普洱茶称为可以喝的“古董”，这是任何茶类都无法具备的特性。

## 三、普洱茶的分类

普洱茶就像一本永远翻不完的书，每翻一页，让人总有摸不着头脑之“名词”。究其原因，普洱茶市场关于普洱茶的语言太多、太杂。“乔木茶”“大树茶”“古树茶”“野生茶”“干仓茶”“沱茶”等等，何解？细致梳理梳理，从分类上理解，掌握其规律，不仅可以厘清头绪，还得益看穿虚假，回归本质。



### （一）按外形分类

#### 1. 普洱散茶

制茶过程中未经过紧压成型，茶叶状为散条型的普洱茶为散茶。普洱散茶按品质特征分为特级、一级至十级共11个等级。

#### 2. 普洱紧压茶

（1）饼茶：扁平圆盘状，其中七子饼每块净重357克，每7个为一筒，每筒重2500克，故名七子饼。

（2）沱茶：形状跟碗一般大小，有100克、250克等，还有迷你小沱茶每个净重2～5克。

（3）砖茶：长方形或正方形，250～1000克居多，制成这种形状主要是为了便于运送。

（4）金瓜贡茶：也称团茶、人头贡茶，是普洱茶独有的一种特殊紧压茶形式，因其形似南瓜，茶芽长年陈放后色泽金黄，得名金瓜。早年的金瓜茶是专为上贡朝廷而制，故名“金瓜贡茶”，从100克到数百斤均有。

市场上还可根据个人喜好定制成各种形状的普洱茶。

### （二）按加工方法分类

普洱茶的大致制作工序：云南大叶种的鲜叶经过杀青→揉捻→晒干→晒青毛茶。随着对毛青的加工方法不同，普洱茶自此分为晒青茶和熟茶两大系列。

**1. 晒青茶**

晒青茶是以地理标志保护范围内生长的云南大叶种茶树鲜叶为原料，经杀青、揉捻、日光干燥形成的晒青毛茶和由晒青毛茶为原料蒸压成型的紧压茶。其品质特征：外形色泽墨绿、香气清纯持久、滋味浓厚回甘、汤色绿黄清亮，叶底肥厚黄绿。

**2.熟茶**

熟茶是以地理标志保护范围内生长的云南大叶种茶树鲜叶为原料，采用特定工艺（渥堆等）经发酵（快速后发酵）加工形成的散茶和紧压茶。其品质特征：外形色泽红褐，内质汤色红浓明亮、香气独特陈香、滋味醇厚回甘，叶底红褐。

### （三）按茶树树龄分类

云南的普洱茶茶树树种主要是乔木茶，根据制茶茶树树龄的不同，又可将普洱茶分为小树茶、中树茶、老树茶和古树茶。

**1.小树茶**

小树茶指制作原料为种植年限30年以下，高产密植栽培型茶树（如图2-9）。

**2.中树茶**

中树茶指制作原料为种植年限30~60年，高产密植栽培型茶树（如图2-10）。

图2-9　小树茶

图2-10　中树茶

图2-11 老树茶

**3.老树茶**

老树茶指制作原料为种植年限60～100年，高产密植栽培型茶树（如图2-11）。



**4.古树茶**

泛指以百年以上乔木型古茶树，茶农俗称“大树茶”（如图2-12）。古树茶获取土壤深层的矿物质成分，能以内质丰富的最佳状态将各山头的独特性体现出来。此类原料制成的普洱茶被“饮茶发烧友”追捧，古树茶原料有限，市面上价格较高，但其独特内质更能体现普洱茶的“茶文化”。

图2-12 古树茶

另外，根据是否为人工栽培，将茶树分为栽培型茶树和野生茶树，现在市场上主要是栽培型茶树。

（四）按存放方式分类

**1.干仓普洱**

干仓普洱茶是指存放于通风、干燥及空气湿度小（一般指空气湿度小于70%）的清洁仓库环境里，使茶叶自然发酵。

**2. 湿仓普洱**

通常放置于高温高湿的地方，可以加快其发酵速度。对待“湿仓”茶，首先应消除“湿仓茶就是老茶”的误解，湿仓茶虽然陈化速度更快，但是茶叶在高温高湿环境下难免会发霉。而肉眼可见的发霉茶，嗅觉可闻到的刺鼻茶，品茶中喉、舌、口感觉到叮、刺、挂、锁喉茶，无论是从健康、保健角度，还是同新世纪提倡的绿色无污染、生态、有机食品要求都是背道而驰的，所以我们不主张销售及饮用湿仓普洱。



## 四、普洱纯料茶与拼配茶的区别

普洱茶一直有“纯料”与“拼配”的争议。一种观点认为，普洱茶“纯料”或“一口料”的原料选用，是传统普洱茶制作的基本规则；另一种观点则认为，普洱茶的“拼配”是品质再优化和再提高的一种工艺手段，经典的普洱茶产品一定有其独特的“保密配方”，而这个配方的核心内容就是“拼配”。以下我们分几个方面来明确如何正确地理解普洱茶的纯料与拼配。

**1. 纯料茶**

目前市场对纯料茶的一些认定分类，主要有5种形式：

第一种古树纯料，不同山头的古树茶。这种 “纯料”茶的特点就是只要是古树茶，不管你是哪个山头的，也不管你是春茶还是秋茶，就是纯料。

第二种季节纯料，同一个季节的茶。这种纯料不分茶树的年纪大小，也不分批次，只分季节，也就是说只分春茶、秋茶和雨水茶（夏茶）。

第三种茶园纯料，同一片茶园的古树茶，不分批次，不分茶树年纪大小。这种纯料茶的特点就是同一片茶园，而不是同一个山头或者是寨子，但是也是不分采摘批次的。

第四种纯料，同一片茶园里的树茶，分树龄、分批次。这种分法就比前面的严谨多了，这样的纯料必须是差不多一起采摘的而且树龄也差不多，因此这样的纯料量相对较少。

同一个茶园里，按茶树的树龄大小分类，一般行业默认的古茶树分类是3种：

（1）100～300年（俗称百年左右）

（2）300～500年（俗称300年左右）

（3）500年以上（俗称500年左右）

茶农或者是私人茶商去采摘茶叶的时候，根据茶树的树干大小来分类采摘，也就是之前所说的按树龄分类，然后再按采摘时间来分别装筐，这样就分了批次，一般只会采摘到春茶前3批，也就是明前茶，明后茶很少。 这样做茶是很纯，但是数量有限，人工消耗大，所以价格也就高。

第五种纯料，“单株”又称“一棵树”。意思就是“单株茶”，也就是单一古树上的茶，这样的茶被行内称为“纯料至尊”，这算是最纯的纯料古树茶了。一般都是选择古茶园里茶树年纪最大的那一棵茶树，或者是几棵茶树，只采摘它的头春茶，所以量是很少的，一般都是私人珍藏品，很少有在市场上出售的，这种茶是发烧友的最爱。

**2. 拼配茶**

（1）“拼配”概念的界定

普洱茶的“拼配”涵盖6个方面；等级的拼配，不同茶山的拼配，不同品种的拼配，不同季节的拼配，不同年份的拼配，不同发酵度的拼配。普洱茶等级拼配是普洱茶拼配中最常见的一种方法。无论是新茶，还是流传下来年份较长的老茶，将它们剖析会发现，其底、面、内的茶叶等级都有差别。即使这种差别很小，都有独特的拼配技术在里面，一饼普洱茶的“层次感”离不开等级拼配的技巧。因此，普洱茶的拼配自古至今是广泛存在的。

普洱茶的拼配注重的是茶叶内含物质的“优势互补”。不同茶山、不同区域所生产的晒青毛茶其口感差异很大。这种差异不仅体现茶叶芳香类物质含量的不同，还体现了内含物的一些细微差别。如何判断这种差异，以及将这种差异进行有效合理的“重组”与“融合”，创造一种更优质的普洱茶产品，是从古至今普洱茶人始终追求的梦想。以紫芽茶为例，唐代陆羽的《茶经》记载“茶者，紫者为上”，指的就是紫芽茶。它所含的氨基酸、类黄酮等物质高于云南很多产区的晒青毛料，其中花青素含量最高。花青素是什么？简单地说，花青素为植物二级代谢产物，是一种水溶性色素。它对人体有多种好处，能够增强人体血管弹性，改善循环系统和增进皮肤的光滑度，同时，还能抑制炎症和过敏，改善关节的柔韧性。但是，如果单制紫芽茶，即纯料成一口料的原料选用，其效果很差，汤色混浊，苦涩味极重，人们饮用后，会因“药性太大”而使身体出现种种不适的症状。但将它拼配进其他的原料之中，或以其他晒青毛茶为主，以它为辅，其含量控制在1/5以内，其汤色、口感、内含物均有极大的提高。如果说紫芽茶更多地体现茶叶的药用价值的话，适度配置就显得非常重要，因为中药理论本身就坚持适配的原则，不是量大就好。

普洱茶的拼配可形成普洱茶后续发酵的梯级转化。普洱茶的发酵是一个过程，由于它属于固态发酵，就必然要求它具有层次感。以饼茶后续发酵为例，它要求压制的饼茶松紧适度，即不能太密实（紧压过度），又不能太松弛（间隙太大）。而要想达到这一工艺要求，仅靠物理的办法（石模与机器压制）是不能解决的，因为茶叶内含大量的纤维物质，而纤维物质是有弹性的，即使压制时采用重压力的方法，但在一段时间之后，又有一定的恢复。解决这一问题最好的方法是不同等级原料的合理拼配，以七级茶做“骨架”，以三级或五级茶“添实补缺”。这种网状骨架的搭建，可使普洱茶出现层次感，并使后续的发酵出现梯级转化。很多人对普洱茶的品级存在一个误区，认为所选用的毛料级别越高越好，甚至有人追捧纯芽头（特级）制成的饼茶。但他们忽略了一点，纯芽头制作的饼茶，极容易造成紧压“过密过实”的现象，使普洱茶内含物质的转化受到一定的限制，恰恰不利于普洱茶后续的发酵。同时，这里还有一个误解，认为普洱茶的原料级别越高，营养价值越高；反之，级别越低，营养物质越少。这是因为普洱茶原料的鉴别套用了绿茶及其他茶类的感官审评方法的缘故。以普洱茶原料中还原总糖含量为例，权威部门检测的结果是七级茶含量最高。这正是七级茶被大量用于饼茶的主要原因，这种粗老茶叶不仅是饼茶形成“网状骨架”的主力，同时也因内含物质的特性，使它成为普洱茶后续发酵与转化的“骨干力量”。

普洱茶的拼配是一种极具个性化色彩的艺术。凡是经典的普洱茶产品，无论是流传几十年的老茶，还是近几年的“新品”，都有各自独特的“茶性”，只要我们深入体会，都会找到它们的差别，哪怕是一些细微的差别。这种差异化具有浓重的个性色彩，会使我们的味觉产生深刻的记忆而久久不忘。这种感觉，或者说是品质，不是简单的“纯料”和“一口料”所能赋予的，更多的是普洱茶制作者长年经验总结和感悟中的智慧结晶，是高超的拼配技艺结出的“硕果”。

# 第三章

# 普洱茶保健功效

饮用普洱茶已改变了传统意义上的饮茶解渴，而是根据普洱茶特性将之视为良药，它与健康长寿，降脂减肥等功效联系在一起，这给普洱茶增添了新的内涵。

# 第一节

# 普洱茶降脂减肥功效

现代医学证实，普洱茶有显著降脂减肥的功效，且有美容和延年益寿的功能。随着饮用者人数日益增加，普洱茶备受关注 ，有“苗条茶”和“延年茶”的美称。目前饮用普洱茶已改变了传统意义上的饮茶解渴 ，而是根据普洱茶特性将之视为良药，它与健康长寿、降脂减肥等功效联系在一起，这给普洱茶增添了新的内涵。现如今普洱茶的影响力越来越大，如东南亚及香港、澳门地区 ，流行着普洱茶越陈越香的说法。为何普洱茶有这般神奇的功效 ，本节通过普洱茶的历史、品质特性、有效活性成分、药理学及保健功能等方面进行介绍。



## 一、肥胖症的概况

### （一）肥胖症概述

#### 1. 肥胖症概念

肥胖症又称作肥胖病，由于遗传性因素与环境作用，引起的营养代谢障碍性疾病，最明显的特征是机体摄入能量大于消耗能量，引起体内脂肪聚集过多的症状。当前肥胖问题已成为全球公共卫生问题关注的对象，国际肥胖特别工作组指出，肥胖将成为威胁人类健康的最大杀手。

**2. 肥胖症的特征**

个体肥胖主要表现出脂肪细胞数量增大和体积增加。一般而言，当一个人的体重超过标准体重的20%以上，或身体质量指数（body mass index，简称体重指数，BMI）大于24千克/平方米时，就称为肥胖症。肥胖影响了体态，并且对身体健康有害，肥胖会引起许多慢性疾病，如心血管疾病相关的多种代谢功能异常，增加Ⅱ型糖尿病、冠心病、高血压、中风、充血性心力衰竭、脂质异常血症、睡眠时呼吸暂停综合征及某些癌症（如卵巢癌、胸腺癌和结肠癌）等的发病率和死亡率。

## （二）肥胖症的分类



**1. 单纯性肥胖**

单纯性肥胖是各种肥胖最常见的一种，约占肥胖人群的95%左右，该肥胖是非疾病引起的肥胖。这种类型的肥胖表现为全身脂肪分布较均匀，无内分泌紊乱现象及代谢障碍性疾病，但其家族往往有肥胖病史。单纯性肥胖又可以分为体质性肥胖和获得性肥胖两种。体质性肥胖是由于遗传和机体脂肪细胞数目增多而造成的，这类人的物质代谢过程比较慢、比较低，合成代谢超过分解代谢。获得性肥胖是由于人成年后有意识或无意识地过度饮食，使摄入的热量大大超过身体生长和活动的需要，多余的热量转化为脂肪，促进脂肪细胞肥大与细胞数目增加，脂肪大量堆积而导致肥胖。

**2. 继发性肥胖**

继发性肥胖是由内分泌紊乱或代谢障碍引起的，约占肥胖人群的2%～5%左右，虽然同样具有体内脂肪沉积过多的特征，但仍然以原发性疾病的临床症状为主要表现，肥胖只是这类患者的重要症状之一。这类患者同时还会出现其他各种各样的临床表现，多表现为甲状腺功能减退人群、性腺功能减退等多种疾病中。主要可分为下丘脑性肥胖症、垂体性肥胖症、皮质醇增多症（又称库欣综合征）、胰岛病性肥胖症、甲状腺功能减退性肥胖症、性腺功能减退性肥胖症及药物性肥胖等类型。

## （三）肥胖症产生的原因及危害

### 1. 肥胖症产生的原因

引起肥胖症发生的原因虽说有许多种，但最基本的一条就是体内能量代谢平衡发生失调。许多因素都可以导致患者体内能量代谢发生障碍（失调），如营养过剩、体力活动减少、内分泌代谢失调、下丘脑损伤、遗传因素或情绪紊乱等都可以导致肥胖症的发生。身体的脂肪组织主要分为内脏脂肪和外周脂肪。内脏脂肪主要分布在腹部系膜、内脏周围等部位。根据脂肪积累部位的不同，可以把肥胖分为中心型肥胖和周围型肥胖两大类。中心型肥胖主要由内脏脂肪的过度积累导致，其主要特征是腰围增加。中心型肥胖与代谢综合征密切相关，危害远远大于周围型肥胖。

### 2. 肥胖症的危害

肥胖是人们健康长寿的天敌，科学家研究发现肥胖者并发脑栓塞与心衰的发病率比正常体重者高1倍，患冠心病、高血压、糖尿病、胆石症者较正常人高3～5倍，由于这些疾病的侵袭，人们的寿命将明显缩短。身体肥胖的人往往怕热、多汗、皮肤皱折处易发生皮炎、擦伤，并容易合并化脓性或真菌感染。而且由于体重的增加导致身体各器官负担加重，容易遭受各种外伤、骨折及扭伤等。此外，睡眠呼吸暂停综合征、恶性肿瘤的产生等都与肥胖也有着直接的关系。

肥胖危害主要表现在两个方面，首先是内脏脂肪组织本身脂肪积累过多，导致脂肪细胞储存能力下降，不能储存更多的多余脂类、糖类等，血脂和其他器官的脂含量升高，危害健康。系膜和内脏附着的脂肪量增多，也会影响内脏器官的功能。其次，由于脂肪组织作为一种分泌器官的存在，尤其是内脏脂肪组织，一旦本身脂肪积累过多，会分泌大量抑制脂肪和肌肉组织功能的细胞因子，这些细胞因子主要包括游离脂肪酸（FFA）、炎症因子（如TOF-a等）、抵抗素以及活性氧（ROS）等。细胞因子可以以自分泌和旁分泌的形式直接作用于脂肪细胞，使其产生胰岛素抗性，紊乱糖脂代谢；还可以进入血液作用于肌肉细胞产生胰岛素抗性，降低其能量储存和消耗的能力，或作用于胰脏等器官，损害其功能。



**3. 游离脂肪酸与肥胖症**

肥胖症患者往往比正常人分泌更多的FFA，是由脂肪细胞分解甘油三酯的产物，所以身体脂肪含量和FFA的分泌量成正比。而一旦脂肪储存过量，内脏脂肪组织比外周脂肪组织分泌更多的FFA，这是中心型肥胖危害远大于周围型肥胖的重要原因。虽然FFA是饥饿状态下的脂肪细胞对其他组织的基本能量供应形式，但肥胖症患者脂肪细胞分泌过量FFA是非常危险的。FFA可以抑制胰岛素受体的磷酸化，从而抑制胰岛素信号通路，导致胰岛素抗性，诱发Ⅱ型糖尿病。FFA还可以直接作用于胰岛β-细胞，损害其功能，导致Ⅰ型糖尿病。FFA可以升高肝中甘油三酯的含量，导致脂肪肝，并且减少高密度脂蛋白合成，增加低密度脂蛋白合成。此外，FFA还可导致高血压。

### 4. 炎症因子与肥胖症

脂肪组织能分泌大量的TNF-a、IL-6等炎症因子，炎症因子的分泌在肥胖病人体内会大幅升高。其中TNF-a等可以诱导肌肉胰岛素抗性，损害血管内皮细胞，导致动脉粥样硬化。更重要的是炎症因子可以以自分泌和旁分泌的形式直接作用于脂肪细胞，抑制胰岛素信号通路，抑制过氧化体增殖剂激活受体γ亚型（PPARγ）等调控脂肪细胞功能的转录因子的表达，减少葡萄糖转运蛋白GLUT-4的质膜电位导致胰岛素抗性。炎症因子还可以提高脂肪细胞ROS水平，导致氧化应激，减少有益于糖代谢的因子如脂联素（adiponectin）的分泌，提高抵抗素的分泌。积累过量脂肪的脂肪细胞，其NADPH氧化酶活力增大，合成大量的ROS。血液中的ROS可以损害血管内皮细胞导致动脉粥样硬化。此外，脂肪细胞分泌的抵抗素也可以直接作用于脂肪细胞，抑制胰岛素活力，导致Ⅱ型糖尿病。所以脂类过度积累导致的肥胖症，一方面会由于脂肪细胞自身糖脂储存能力不足，使过量的糖类和脂类留在身体其他部位导致高血糖和高血脂；另一方面脂肪细胞分泌大量的有害因子，导致高血糖、高血脂、脂肪肝、高血压以及动脉粥样硬化等。

### （四）脂肪细胞生理功能与能量代谢

脂肪细胞的主要生理功能表现在以下3个方面：首先是储存能量。正常机体中，甘油三酯基本上都储存在脂肪细胞内，脂肪组织同时也是糖原储存的重要场所；其次是分泌功能。研究发现脂肪组织不仅仅是储能的重要组织，它还能分泌许多生物活性蛋白，如对糖脂代谢有显著作用的瘦素（leptin）、脂联素（adiponectin）等，还有许多起负向调节的如TNF-a、Resistin和FFA等；最后脂肪细胞还能为脂类氧化和产热提供原料物质。

脂肪细胞在能量代谢过程中起到关键的作用，是体内能量平衡和糖平衡的重要调控者，首先脂肪细胞可以通过增殖和分化改变自身数目和体积，改变储存能力。其次，脂肪细胞还可以改变自身氧化能力来改变体内脂类总量。再次，脂肪细胞还可以通过分泌细胞因子，调节自身功能和影响中枢神经系统对进食行为的控制。机体内同时存在成熟脂肪细胞和前脂肪细胞，成熟脂肪细胞没有增殖的能力，而前脂肪细胞可以根据机体的营养条件和激素刺激而增殖和分化成为成熟脂肪细胞。在分化开始阶段，前脂肪细胞进入生长抑制期，此时CCAAT/增强子结合蛋白（CCAAT/enhancer-binding protein， C/EBP） β和δ表达升高。由C/EBPP和β刺激，细胞先进入一个克隆增殖期，细胞数目增加。然后C/EBPβ和δ激活C/EBP a 和PPARγ的表达。其中PPARγ的表达调控和转录激活，是改变脂肪细胞功能的关键。因为PPARγ不仅在脂肪细胞分化过程中起到重要作用，在成熟脂肪细胞中脂肪细胞功能的维持和增强方面也要依赖对PPARγ的调控。PPARγ控制的下游基因（如GLUT-4等）大量表达时，细胞开始发生形态变化，聚集脂类。细胞也开始具有胰岛素敏感性，储存糖。如PPARγ的激活剂，噻唑烷二酮（thiazolidinedione，TZD），是一类治疗糖尿病的非常有效的药物，它们就是特异的与脂肪细胞的PPARγ作用，增强脂肪细胞功能，促进对血糖的吸收。这是因为PPARγ不仅调控脂肪合成酶类（如脂肪酸合成酶，FAS），还调控负责脂肪酸吸收脂肪酸转运进脂肪细胞的蛋白（如脂肪酸转运蛋白，FAT），以及负责葡萄糖转运的关键蛋白（如GLUT-4）。

所以，脂肪细胞不仅仅是能量储存和释放的场所，而且对有机体内能量代谢有着关键的调节作用，特别是对糖类和脂类的代谢调节。肥胖症及引起系列并发症一般都伴随着脂肪细胞功能的障碍或失活，因此在研究降脂减肥及相关疾病上都把脂肪细胞作为一个关键靶点来进行研究。

## 二、普洱茶对肥胖症的作用

关于普洱茶的减肥作用，最早研究的是日本学者Mitsuaki Sano，他在1985年的试验证明给高脂大鼠饲喂普洱茶，可以降低高脂大鼠血管内的胆固醇和甘油三酯含量，显著降低高脂大鼠腹部脂肪组织重量。随后，Yang在1997年也报道，高胆固醇造模后的大鼠在饲喂普洱茶后，食物和饮水消耗减少，体重下降，血液和肝脏中的胆固醇和甘油三酯含量下降，高密度脂蛋白胆固醇含量增加。2005年，Kuo等的试验结果表明，正常大鼠喂饲普洱茶30周后，体重、胆固醇和甘油三酯含量均显著降低，且降低幅度大于其他茶类如绿茶、乌龙茶和红茶，同时低密度脂蛋白胆固醇降低，而高密度脂蛋白则显著升高，抗氧化酶SOD活性较正常对照组要高。同时，国内研究人员也报道了喂食高脂饲料的小鼠在同时喂食晒青毛茶或普洱茶时，均能有效地抑制高脂饮食小鼠血脂的升高，并能使血清TG、TC、LDL-C水平全面降至正常值范围，同时使高密度HDL-C水平显著升高，普洱茶的效果略优于晒青毛茶。

熊昌云利用动物基础饲料（M02-F）和高脂饲料（M04-F），按照M04-F与2.5%、5%、7.5%的2003年普洱茶熟茶粉（由中国普洱茶研究院提供）分别配制成低、中、高3个剂量的含茶高脂饲料，搅拌机拌匀后喂养供试大鼠。其中M02-F基本组分为（%）水分9.7%、粗蛋白20.5%、粗脂肪4.6%、粗灰分6.2%、粗纤维4.3%、无氮浸出物50.6%、钙1.2%、磷0.9%、赖氨酸1.3%、蛋氨酸（胱氨酸）0.7%。M04-F基本组分包括M02-F 54.6%、猪油16.9%、蔗糖14%、酪蛋白10%、麦芽糊精2.4%、黏性物质2.1%。实验人员给予M02-F饲料适应性喂养1周，按体重随机分为2组，其中空白对照组8只，喂饲M02-F饲料；其余52只为造模组，喂饲M04-F饲料，每周称量一次大鼠体重。造模成功后（30天）取其中50只大鼠随机分成5组，每组10只，分别为肥胖模型对照组，继续喂饲 M04-F 饲料；饮食控制组，喂饲 M02-F 饲料；普洱茶低剂量组，普洱茶中剂量组，普洱茶高剂量组，喂饲含不同剂量普洱茶的M04-F饲料。实验期间大鼠自由饮水和取食，周期为6周。实验期间隔天称一次体重，记录每组动物的给食量和剩食量。实验结束时禁食12小时，处死大鼠快速收集血液，解剖大鼠，观察大鼠体内脂肪情况及肝、肾、脾等主要脏器变化情况，快速分离大鼠肝脏及体脂（睾丸及肾周脂肪垫），生理盐水涮洗后吸干水分迅速称重，所有样品置-2℃冻存备用。血液4℃下2000转/分钟离心15分钟，取上清液检测生化指标。解肝脏剪碎，加入预冷的生理盐水，低温下1000转/分钟匀浆5分钟，制成10%的组织匀浆，4℃下3000转/分钟离心15分钟，取上清液检测生化指标。实验结果表明实验结束时，肥胖模型组的大鼠体重显著高于空白对照组（$P<0.01$）。同时，相对于肥胖模型组来说，饮食控制组大鼠体重有明显下降的趋势，达到显著差异（$P<0.05$）；在普洱茶的3个剂量处理组中，中、高剂量组大鼠体重也有明显的下降，其作用接近于饮食控制组；低剂量普洱茶组则没有表现出对肥胖大鼠体重增长的抑制效果。另一方面，有趣的是，各处理组大鼠摄食量并没有体现出显著性差异，说明经过不同剂量普洱茶处理后，肥胖大鼠体重增量的减少不是通过对食物的摄入量减少而引起的。

血清总胆固醇（TC）和甘油三酯（TG）含量是评价大鼠肥胖的重要指标。实验结束时，肥胖模型组大鼠的血清TC、TG水平都显著高于空白对照组（$P<0.01$）。普洱茶处理前，肥胖模型组和各实验处理组大鼠的TC水平是一致的。处理后，普洱茶3个剂量处理组大鼠TC水平相对于肥胖模型组都有明显的下降，达到了显著水平（$P<0.05$）；饮食控制组大鼠的TC水平下降则表现出了极显著差异（$P<0.01$）。同时。相对于肥胖模型组而言。普洱茶中、高剂量处理组大鼠的血清TG水平分别下降了20.10%和25.62%。普洱茶高剂量处理组大鼠的血清TG水平已接近饮食控制组的TG水平（27.21%）。这些实验结果显示普洱茶和饮食控制都能有效降低营养肥胖性大鼠血清TC和TG含量，改善大鼠的血清指标质量，对大鼠肥胖症的预防或治疗肥胖症有着潜在的价值和意义，而且高剂量普洱茶处理的效果接近于饮食控制的效果，这将为那些为了减肥而特意控制饮食的人们，提供了一条利用普洱茶来代替控制饮食减肥的途径。

高密度脂蛋白胆固醇（HDL-C）是血清总胆固醇的一个主要组成部分，被视为动物体内的“好胆固醇”。熊昌云实验结果证明，与肥胖模型组比较，普洱茶和饮食控制处理均能有效提高营养肥胖性大鼠体内血清HDL-C的含量。经过普洱茶处理6周后，低、中、高剂量处理组肥胖大鼠体内血清HDL-C含量分别增加了27.59%（$P<0.05$）、43.68%（$P<0.01$）和62.07%（$P<0.01$），饮食控制组仅增加了21.84%（$P<0.05$）。这表明普洱茶对肥胖性大鼠HDL-C指标的提高效果要优于单纯的饮食控制，且表现出剂量效应，最高剂量普洱茶处理组对提高肥胖大鼠HDL-C水平表现出了最好的效果。而更令人欣喜的是，最高剂量普洱茶组大鼠的HDL-C的水平远超过空白对照组，达到了极显著差异水平（$P<0.01$）。

动脉粥样硬化指数（AI）是由国际医学界制定的一个衡量动脉硬化程度的指标。肥胖性大鼠在普洱茶不同剂量和饮食控制的处理下，其AI值下降非常明显，与肥胖模型组相比，普洱茶低、中、高剂量处理组分别下降了 57.38%、69.20%、79.75%，饮食控制组的下降率则为62.87%，均体现出极显著差异（$P<0.01$）。而相对于空白对照组而言，饮食控制组的AI值已与其持平，说明通过饮食控制可以使肥胖性大鼠动脉粥样硬化程度恢复到以前的水平，而普洱茶中、高剂量处理组的AI值则低于空白对照组，尤其是高剂量普洱茶处理组与空白对照组达到了极显著差异的效果。这样的结果表明普洱茶在抗动脉粥样硬化方面有着显著效果，不仅能抑制由于摄入过量高脂饲料引起的肥胖大鼠AI值的上升，而且还能改善正常大鼠的血清指标，降低AI值，减少动脉粥样硬化风险，其作用效果是单纯的饮食控制所不能达到的。

# 第二节

## 普洱茶抗疲劳与抗衰老功效

普洱茶是云南特有的茶类，是以地理标志保护范围内的云南大叶种晒青茶为原料，并在地理标志保护范围内采用特定加工工艺制成的，具有独特品质特征的茶叶。随着茶叶保健功能医学证明的深入和人们对健康意识的提高，普洱茶也越来越受到世人的青睐，深受消费者喜爱。

随着社会的进步和医学模式的转变，健康的概念也发生着转变。20世纪中后期，自世界卫生组织提出健康新概念及苏联学者提出“第三状态”这个概念以来，这一介于健康及疾病之间的“第三状态”得到国内越来越多学者的认同与重视，并将其称之为“亚健康状态”。该状态是处于健康和疾病之间的健康低质状态及其体验，指机体无明显的疾病，却表现出活力降低，各种适应能力不同程度的减退。具体可有多种表现，其表现可归结为躯体、精神心理及社交3个方面。临床上，疲劳是亚健康的一种常见表现。然而，疲劳症状是一个非常普遍的症状或现象，不仅可存在于健康人群、亚健康人群中，许多疾病人群也常常存在疲劳症状。

几千年来，研究学者对于衰老和抗衰老，有着独特、丰富的经验，并且形成了许多著名的理论学说，其中有很多关于抗衰老和中医养生的系统性理论著作，如《黄帝内经》《千金方》《千金翼方》等。如今疲劳与衰老已经紧密地联系在一起，因此，抗疲劳与抗衰老成了人们关注的问题。

## 一、疲劳的概念

从《说文解字》到现代常用的词典工具书、百科全书及专业性辞书中，都有对疲劳的字义解释或对其词义的描述，归纳起来，具体内容如下：

（1）从字面上理解，疲劳即是疲乏、困倦之义。如《说文解字注·广部》："疲，劳也。"《玉篇·广部》："疲，乏也。""疲，倦也。"《汉语大词典》："疲劳：疲乏，困倦。"

（2） 疲劳产生的因素是多方面的。大致有3方面的原因：一因持续做功，超过机体所能承受的能力所致；二因某些负性情绪引起；三因疾病造成。疲劳是多种原因所致的局部组织、器官功能减退或全身不适的主观感觉，有一过性疲劳和累积性疲劳。

疲劳的表现可体现在躯体方面，如体力减退感、无力感；也可体现在精神方面，如表现为对活动（体力或脑力）的厌恶感。在行为学上表现为工作效率下降。如《现代汉语词典》："疲劳指因体力或脑力消耗过多而需要休息。"《不列颠百科全书》："疲劳是一种特殊形式的人体功能不全，表现为厌恶和无力继续手头的工作。"《辞海》："疲劳指持久或过度劳累后造成的身体不适和工作效率减退。"《中国医学百科全书·劳动卫生与职业病学》："疲劳一般是指因过度劳累、体力或脑力劳动，而引起的一种劳动能力下降现象……"《简明大英百科全书》："疲劳是人类一种功能不全的表现形式，表现为对活动（体力或脑力）感到厌恶，难以继续进行这些活动。"《心理学词典》："指受早先努力工作的影响而导致的工作能力的减低。"

## 二、衰老的概念

衰老又称老化，是机体各组织、器官功能随着年龄增长而发生的退行性变化，是机体诸多生理、病理过程和生化反应的综合体现，是体内外各种综合因素（包括遗传、营养、精神因素、情绪变化、环境污染等）共同作用的结果。衰老是人类生命发展中的必然趋势，是不以人的意志为转移的客观规律，任何人都不能阻止衰老的进程，但可以通过科学的方法延缓其进程。

衰老和老年病不同，衰老不是一种疾病，正常衰老过程是一个普遍存在的、渐进性的、积累性的和不可逆的生理过程。老年病，大多数是在退行性改变的基础上发生的疾病，是一种病理状态。衰老是每个人生命中必然发生的，而老年病却不是人人都会患的；衰老是一种正常的生理现象，而老年病却是属于机体的病理表现；衰老是无法避免的，而老年病却是可以预防的。衰老虽不是病，却易导致老年人患病；患上老年病之后，则进一步加快衰老的过程 。

## 三、人体衰老的特征表现

### （一）外部特征

（1）皮肤松弛发皱，特别是额及眼角。这是由于细胞失水，皮下脂肪逐渐减少，皮肤弹性降低，皮肤胶原纤维交联键增加，造成皮肤松弛以致干瘪发皱。（2）毛发逐渐变白而稀少，这是由于毛发中色素减少而空气增多；毛囊组织萎缩，毛发得不到营养而脱落所致，当然这与遗传也有关系。（3）老年斑出现，这是一种称为“脂褐素”的沉淀所致，人到 50 岁以后，由于体内抗过氧化作用的过氧化物歧化酶活力降低（歧化酶能阻止自由基的形成），自由基的增加，以致产生更多的脂褐素积累于皮下形成黑斑。（4）齿骨萎缩和脱落，人到中年以后由于牙根和牙龈组织萎缩，牙齿就会动摇至脱落。（5）骨质变松变脆。老人的骨质变松脆，故易发生骨折。与此同时，软骨钙化变硬，失去弹性，导致关节的灵活性降低，脊椎弯曲，以致70岁前后的老人身高一般比青壮年时期减少6～10厘米，不少老人还会出现驼背弓腰现象。（6）性腺及肌肉萎缩。人在40岁以后，内分泌腺，特别是性腺逐渐退化，出现“更年期”的各种症状，例如女人的经期紊乱、发胖；男人发生忧郁、性亢进、失眠等。人到50 岁以后，肌纤维逐渐萎缩，肌肉变硬，肌力衰退，易于疲劳和发生腰酸腿痛，腹壁变厚，腰围变大，动作逐渐变得笨拙迟缓。（7）还有血管硬化，特别是心血管及脑血管的硬化和肺及支气管的弹力组织萎缩等。

### （二）主要的功能特征

（1）视力、听力减退。（2）记忆力、思维能力逐渐降低。大多数人在 70 岁以后记忆力会大大下降，特别是有近记忆健忘的通病（即近事遗忘）。这主要是由于老年人的大脑神经细胞大量死亡的关系。（3）反应迟钝，行动缓慢，适应力低。（4）心肺功能下降，代谢功能失调。（5）免疫力下降，因此易受病菌侵害，有的还产生自身免疫病。（6）出现老年性疾病，如高血压、心血管病、肺气肿、支气管炎、糖尿病、癌肿、前列腺肥大和老年精神病等。

## 四、普洱茶抗疲劳、抗衰老

慢性疲劳已成为困扰人们正常工作和生活的一种疾病现象。长期以来，众多学者期望能寻找到一种安全、有效、无毒副作用的良方来延缓疲劳的发生和加速疲劳的消除，而茶素有“提神解乏，明目利尿，消暑清热”的功能，具有广阔的开发前景。关于茶叶抗疲劳的研究有过少量报道，而有关普洱茶熟茶抗疲劳作用的报道甚少。张冬英等选用具有代表性的普洱茶熟茶样品，通过动物小鼠模型探讨普洱茶的抗疲劳效果。选用勐海县云茶科技有限责任公司、云南龙润茶业集团和云南省思茅茶树良种场生产的普洱茶熟茶，将3个供试茶样等量混合作为受试物。茶样经沸水浸提、抽滤机过滤、合并浸提茶汤、减压浓缩、茶汤浓缩液装瓶灭菌，制备得到1克/毫升的茶汤浓缩液。

将小鼠按体重随机分为 4 个剂量组：空白对照组和普洱茶熟茶低、中、高剂量组，每组20 只小鼠，雌雄各半。根据日本东京桑也研究推荐成人每日平均用茶量 6克，我国男女总平均体重 60千克，则成人每日用茶量为每千克体重 0.1克。根据《保健食品功能评价》的要求，各种动物至少应设 3 个剂量组，其中 1个剂量组应相当于人体推荐摄入量（折算为每千克剂量）的 5 倍（小鼠），且最高计量不超过人体推荐量的 30 倍。在此基础上，本实验采用昆明种小鼠按人体推荐量的 5 倍作为最低剂量，中、高剂量分别为人体推荐量的 10倍和 20 倍，即低、中、高剂量组分别给予普洱熟茶 0.5克/千克、1.0克/千克、2.0克/千克；空白对照组给予生理盐水（0.9%）。每周称重 1 次，每天早上（9：00～11：00）根据体重经口灌胃给药 1 次，连续给药 30 天。进行小鼠负重游泳试验和生理生化指标血乳酸（BLA）、血尿素氮（BUN）、血乳酸脱氢酶（LDH）及肝糖元（LG）、肌糖元（MG）的测定。实验结果表明，普洱茶熟茶低、中、高剂量组的小鼠在实验结束时的平均体重与实验开始时的平均体重相比，分别增加了 25.22%、28.03%和 18.17%，阴性对照组则增加了31.37%。从外观上看，高剂量组小鼠体型较为瘦长。表明低、中、高剂量的普洱茶熟茶对小鼠体重的增长均具有显著的抑制作用，且以高剂量效果最佳。小鼠负重游泳时间是抗疲劳作用的直接反应，与抗疲劳效果成正相关。与空白对照组相比，普洱茶熟茶低、中、高剂量组的小鼠负重游泳时间均有所延长，增加率分别为 25.74%、51.27%、56.00%。其中普洱茶熟茶中、高剂量组小鼠负重游泳时间与空白对照组相比，呈极显著差异（$P<0.01$）。这说明中、 高剂量组的普洱茶熟茶能极显著延长小鼠的负重游泳时间。有文献报道，机体中血乳酸（BLA）、血尿素氮（BUN）的含量与抗疲劳效果成负相关，而乳酸脱氢酶（LDH）活力与抗疲劳效果成正相关。试验探讨了不同剂量的普洱茶熟茶对小鼠BLA、 BUN含量和LDH活力的影响。与空白对照组相比，普洱茶熟茶各剂量组小鼠运动后 BLA、BUN 的含量均有降低趋势，而 LDH 均有增高趋势。其中中、高剂量组小鼠的 BLA 含量分别比空白对照组降低了 22.1%、27.8%，均呈极显著差异（$P<0.01$）；低剂量组小鼠的 BLA 含量比空白对照组降低了 17.9%（$P<0.05$）。高剂量组小鼠的 BUN 含量比空白对照组降低了17.1%（$P<0.01$）；中剂量组小鼠的 BUN 含量比空白对照组降低了 12.6%，呈显著差异（$P<0.05$）。高剂量组小鼠的 LDH 活力比空白对照组增高了 26.3%（$P<0.01$）；中剂量组小鼠的LDH 活力比空白对照组增高了15.2%（$P<0.05$）。这表明普洱茶熟茶能降

低小鼠运动后BLA、BUN 的含量，增加 LDH 活力，且以高剂量的普洱茶熟茶效果最佳。有研究表明，运动后 MG 和 LG 的含量与抗疲劳效果成正相关。实验结果表明，与空白对照组相比，普洱茶熟茶各剂量组小鼠运动后 MG、LG 的含量均有增高趋势。其中低、中、高剂量组小鼠的 MG 含量分别比空白对照组增高了 28.8%、42.5%、26.0%，均呈极显著差异（$P<0.01$）。而在 LG 方面，中、高剂量组小鼠的 LG 含量分别比空白对照组增高了22.0%、 24.9%，均呈极显著差异（$P<0.01$）；普洱茶熟茶低剂量组小鼠的 LG 含量比空白对照组增高了16.7%（$P<0.05$）。这表明普洱茶熟茶能明显提高小鼠运动后 MG 和 LG 的含量。

普洱茶源于天然，有着悠久的历史和文化底蕴，在人们的日常生活中占有重要的地位，在保健功效方面有着独特的优势，与合成药相比，具有费用低廉、无毒副作用等优点，每日饮茶不仅可以消除疲劳， 更能全面补充身体的其他营养成分。因此，深入研究普洱茶的抗疲劳作用具有重要意义。



有资料表明，BLA、BUN 和 LDH 活力水平也是反映肌体的有氧代谢能力和疲劳程度的重要指标。张冬英等研究结果显示，运动后低、中、高剂量组小鼠的 BLA、BUN 水平均显著低于空白对照组，而运动后中、高剂量组小鼠的 LDH 活力水平均显著高于空白对照组，这说明普洱茶熟茶可能通过增强 LDH 活力，清除肌肉中过多的乳酸， 从而减少运动中乳酸的生成，伴随着尿素氮生成的减少，机体对负荷的适应性提高，达到延缓疲劳产生的效果，其中以高剂量组的效果最明显。

# 第三节

## 普洱茶抗氧化及清除自由基功效

普洱茶历来被认为是一种具有保健功效的饮料，茶性温和，老少皆宜。其中含有茶多酚、茶氨酸、生物碱、茶多糖、茶色素、维生素和矿物质等多种生物活性成分，市场上称其有抗疲劳、抗肿瘤、抗心血管疾病、抗糖尿病、抗氧化、抗菌抗病毒等一系列特殊保健功能，均有较高的药用价值。目前，市场上已出现多种含茶叶活性成分提取物的药品和保健食品。

近年来，自由基与多种疾病的关系已愈来愈被重视，自由基生物医学的发展使得探寻高效低毒的自由基清除剂——天然抗氧化剂，成为生物化学和医药学的研究热点。21世纪现代农业的一个重要内容，也是寻求和利用农产品新的生物活性物质，其中，抗氧化活性的研究至关重要。

抗氧化作用被认为是茶叶保健抗癌最重要的机理。普洱茶属于黑茶类，产于云南省西双版纳、普洱和临沧等地，因自古以来即在普洱集散，因而得名。普洱茶与红、绿茶的主要区别在于它们经过特殊的加工工艺，在“后发酵”的过程中形成了一些特异的多酚类物质（可能是以儿茶素寡聚体为主的多酚类非酶性氧化产物）。近年来，普洱茶的抗氧化等生物活性已开始受到人们的重视，本章概述了近年来普洱茶抗氧化等方面的研究进展，并指出在此方面进一步研究的重要意义。

## 一、普洱茶的化学成分及品质特征

普洱茶含有多酚类物质，多种极为重要的抗癌微量元素和维生素等。由于普洱茶是在高温高湿的渥堆过程中，由微生物参与和作用下而生成的一类特殊的黑茶，其化学成分也与绿茶、乌龙茶和红茶不同。普洱茶在渥堆过程中，以黄酮类、茶多酚为主的多酚类成分在湿热和微生物作用下，发生微生物转化、酶促氧化、非酶促自动氧化，以及降解、缩合等复杂的化学反应，形成了化学结构更为复杂的酚类成分。目前，对绿茶、乌龙茶和红茶等各种茶类的化学成分已有不少的研究报道，茶的活性物质如茶多酚、茶色素、茶皂素、茶多糖等的化学特性与结构也在不断被阐明，但对普洱茶尚未有较详细的研究报道。

普洱茶的品质特点是外形色泽棕褐、条索肥壮、汤色红浓，具有独特陈香，滋味浓厚醇和回甘。从普洱茶色、香、味、形品质特点来看，则以“越陈品质越佳”著称，这也是普洱茶与其他茶类的最大区别之处。普洱茶品质的形成是由加工工艺的特殊性决定的。普洱茶在渥堆过程发生了以茶多酚为主体的一系列复杂而又剧烈的化学反应，生成了更加复杂的、对普洱茶品质有利的物质。普洱茶中没食子酸的含量显著增高，而茶氨酸的含量则明显降低。普洱茶汤中的收敛性和苦涩味物质明显降低，可溶性糖明显增加（在高温湿热和微生物的共同作用下有利于大分子碳水化合物分解成可溶性糖），形成了普洱茶色泽红褐、滋味醇厚、香气陈香的品质特征。

## （一）自由基

自由基亦称“游离基”，是指物质分子在光或热等外界条件影响下，共价键发生均裂，形成的具有不成对电子的原子或基团。它可以是原子、分子或者基团。由于自由基电子结构上的特点，使其易于失去或获得电子，具有很高的化学活性。自由基科学的发展经历了一个漫长的过程，历史上第一个被发现和证实的自由基是 Gomberg 在 1900 年发现的三苯甲基自由基。此后，自由基作为一个全新的研究对象引起科研工作人员的广泛关注。1956 年，Harman 等人提出了自由基衰老学说，认为自由基在人体的衰老过程中扮演重要角色，表明自由基的研究已经从化学领域渗透到生物学领域。1969 年，McCord 和 Fridovich从牛红细胞中提取出超氧化物歧化酶（SOD），并发现其能够清除超氧阴离子自由基，同时提出了活性氧（ROS）学说，使自由基生物学的研究又上了一个新台阶。此后，大量实验证明自由基与生物体共存，细胞正常代谢过程中就会产生自由基，自由基对生命过程的调控作用被越来越多的实验所证实。目前，由于研究短寿命自由基的技术有了新的突破，逐渐形成了一个以化学、物理学、生物学和医学相结合的蓬勃发展的新学科——“自由基生物学与医学”。该学科的主要研究领域包括：生物体内自由基的产生和清除、自由基对生物体的氧化损伤、自由基与疾病成因及防治的关系等。

### 1. 生物体内的自由基种类

自由基是生物体正常代谢的产物，生物体内存在的自由基种类主要包括：氧自由基和非氧自由基。其中，氧自由基的含量约占 95%，主要包括：超氧阴离子自由基（$O_2 \cdot^-$）、羟基自由基（·OH）、氢过氧基（HOO·）、烷氧基（RO·）、烷过氧基

（ROO·）等。另外，还存在许多虽然电子配对，但却易失去一个电子而变为自由基的含氧化合物，例如：单线态氧（$^1O_2$）、过氧化氢（$H_2O_2$）、臭氧（$O_3$）等。这些活泼的氧自由基与具有氧自由基反应特性的其他含氧物质统称为活性氧（ROS）。非氧自由基主要包括：氢自由基（H·）、有机自由基（R·）、活性氮（RNS）和活性氯（RCS）等。

**2. 生物体内自由基的产生机制**

生物体内自由基的来源主要有两个方面：其一是机体内各种代谢反应产生的内源性自由基；其二是由于高温、紫外线、光解、电离辐射、化学药物以及环境污染等导致生物体内有机分子共价键均裂产生的外源性自由基。内源性自由基是机体内自由基的主要来源，其产生的主要途径有以下几种：（1）氧分子单电子还原途径。在正常情况下，生物体内 98%左右的总耗氧量由细胞色素氧化酶系统还原成 $H_2O$ 并释放能量，有1%～2%的氧分子从这个通道中漏出，进行单电子还原过程，从而产生自由基。（2）酶促反应催化产生自由基。生物体有氧代谢反应中常有酶促氧化与还原，如在胞浆中，黄嘌呤通过黄嘌呤氧化酶的催化被氧化成尿酸，同时伴随氧自由基的产生。（3）非酶促反应产生自由基。如红细胞中氧合血红蛋白转变为高铁血红蛋白时，铁提供电子给氧分子生成超氧阴离子自由基。（4）自氧化生成自由基。某些生命物质如血红蛋白、儿茶酚胺、脂类、还原性细胞色素C、肌红蛋白等可发生自氧化，在此过程中可以产生氧自由基。

**3. 自由基的生物学效应**

在正常生理条件下，生物体内自由基的产生与消除处于动态平衡，此时自由基发挥积极有益的生物学效应。例如：适当浓度的自由基可以调节细胞的生长和增殖，刺激吞噬细胞杀菌，分解毒素，参与前列腺素、凝血酶原、胶原蛋白、环核苷酸的生物合成等。另外，自由基还可以作为信号传导分子在生物体的神经、内分泌、循环、免疫等生理活动中发挥重要作用。然而，当生物体遭遇某些异常因素的刺激或处于病理条件时，自由基在体内骤然生成过量，其产生与消除的动态平衡被打破，自由基表现出强大的攻击性，对蛋白质、核酸、糖类、脂质等生物大分子的结构和功能造成损伤。这些大分子的损伤在体内逐渐积累引起机体组织和器官的损伤，从而导致机体的衰老与许多疾病的发生。目前研究发现，癌症、心脑血管疾病、糖尿病、神经退行性疾病、白内障、炎症等常见疾病都和自由基的氧化损伤密切相关。

### （二）抗氧化剂

从生物学角度，抗氧化剂被认为是一类能通过各种途径有效清除内源和外源性自由基或抑制氧化扩散及提高机体内抗氧化酶活性和数量，并对自由基所致病变有防治作用的物质。抗氧化剂按其来源可分为内源性抗氧化剂和外源性抗氧化剂。

#### 1. 内源性抗氧化剂

生物体内存在许多清除自由基或抑制自由基反应的内源性抗氧化剂，可以分为酶类和非酶类两大类。酶类抗氧化剂又称抗氧化酶，主要包括：超氧化物歧化酶（SOD）、谷胱甘肽过氧化物酶（GSH-Px）以及过氧化氢酶（CAT）等内源性酶系，它们能有效消除细胞新陈代谢过程中产生的自由基，协同完成细胞内的抗氧化任务。非酶类抗氧化剂主要包括：褪黑激素、尿酸、胆红素、谷胱甘肽等。它们既有各自独特的抗氧化功能，又可相互协同与抗氧化酶共同担当起生物体内抗氧化的重任。在正常生理条件下，内源性抗氧化剂可以使机体内自由基的生成与消除维持相对平衡。一旦处于病理条件下，内源性抗氧化剂不足以抵御自由基的进攻，自由基就会表现出强大的攻击性对机体造成损伤，引起病变。此时，合理补充外源性抗氧化剂，可以增强机体内抗氧化系统的能量，抵御在病理条件下自由基对人体的进攻。因此，关于外源性抗氧化剂的研究已成为化学、食品、医药等相关领域的热点。

**2. 外源性抗氧化剂**

外源性抗氧化剂可以分为合成抗氧化剂和天然抗氧化剂。合成抗氧化剂种类繁多，研究最早且最多的是含酚羟基的化合物。此外，国内外学者已开始重视从天然动、植物体内或其代谢物中寻找和筛选具有广谱、低毒、高效等良好抗氧化活性的天然抗氧化剂。目前研究发现维生素类、多酚类、类胡萝卜素类、黄酮类、木质素类、皂苷类等都属于抗氧化性能较好的天然抗氧化剂。



## 二、普洱茶的抗氧化机理

目前的研究报道表明普洱茶抗氧化机制大致通过以下三个途径：（1）抑制或直接清除自由基的产生。Lin等报道了普洱茶浸提物具有很强的清除轻自由基能力和抑制氧化氮自由基生成的能力。Lin，L.C.等研究表明普洱茶提取物可有效地在Fenton反应体系中发挥自由基清除作用，保护DNA超螺旋结构，防止链断裂。揭国良等研究表明普洱茶水提物中的乙酸乙酯萃取层组分和正丁醇萃取层组分对DPPH和轻自由基均有较强的清除能力。（2）抑制脂质过氧化。据Yang，T.T.等研究表明，在动物试验中，普洱茶具有降低血清胆固醇水平的功效，但对血清中的高密度脂蛋白和甘油三酯的水平没有改变，高密度脂蛋白与总胆固醇的比值有显著提高，动脉粥样硬化指数得以降低。对于由高胆固醇饮食引起的肝脏重量增加，肝脏胆固醇含量升高和甘油三酯含量升高，普洱茶只能够降低肝脏的胆固醇含量，对肝脏的甘油三酯的含量没有明显降低。在降低胆固醇方面，萧明熙等以普洱茶的水提物（PET）为试验材料，探讨其于体外试验中对胆固醇生物合成的影响，以及在活体动物中是否具有降血脂的效果，研究结果发现，PET在人类肝癌细胞株（HePG2）模式系统中，可以减少胆固醇的生物合成，且其抑制作用在生成甲羟戊酸之前。在动物试验中，也证实普洱茶有抑制胆固醇合成的效果。此外，还可降低血中的胆固醇、甘油三酯及游离脂肪酸水平，并增加粪便中胆固醇的排出。孙璐西等研究表明普洱茶水提物具有明显的抗氧化活性，清除自由基，降低LDL不饱和脂肪酸的含量，以降低LDL的氧化敏感度。（3）螯合金属离子。Duh，P.D.等报道普洱茶水提物具有螯合金属离子，清除DPPH自由基和抑制巨噬细胞中脂多糖诱导产生NO的效果。普洱茶有很强的抗氧化性，能够清除DPPH自由基和抑制$Cu^{2+}$诱导的低密度脂蛋白（LDL）氧化。

普洱茶属后发酵茶，绿茶属不发酵茶。普洱茶渥堆的实质是以晒青毛茶（绿茶）的内含成分为底物，在微生物分泌的胞外酶的酶促作用、微生物呼吸代谢产生的热量和茶叶水分的湿热协同下，发生的茶多酚氧化、缩合、蛋白质和氨基酸的分解、降解，碳水化合物的分解以及各产物之间的湿热、缩合等一系列反应。因此，普洱茶与绿茶在组成成分及抗氧化作用方面有较大差异。

大量的研究报道证实，绿茶中的多酚类物质具有较强的清除自由基和抗氧化活性。尽管普洱茶中多酚的含量比绿茶类少，但用超滤分离法得到的普洱茶水提物经分析后得出高分子量物质

（MW>3000Daltons）多于50%（w/w），且普洱茶中没食子酸的含量高于绿茶。有研究报道普洱茶提取物在Fenton反应体系中自由基清除作用，抑制巨噬细胞中脂多糖诱导产生NO的能力与螯合铁离子作用均强于绿茶、红茶、乌龙茶提取物；200微克/毫升普洱茶水提物的抑制脂质过氧化能力与其他茶类（绿茶、红茶和乌龙茶）相比无显著性差异，但当浓度增至500微克/毫升时，普洱茶水提物抑制能力均强于其他茶类。据推测可能是聚合儿茶素或茶多糖等物质在普洱茶的生物活性中发挥一定作用。普洱茶降低甘油三酯（TG）水平超出绿茶与红茶；在脂蛋白（LP）中，4%的普洱茶可以提高HDL-C水平和降低LDL-C水平，绿茶与红茶均在降低LDL-C水平的同时也降低了HDL-C水平；普洱茶组更能降低动物脂肪组织的重量，后发酵的普洱茶比不发酵的绿茶更有效地抑制了脂肪生成。



红茶和普洱茶在加工过程中，茶叶中的多酚类经“发酵”而氧化，因此均属“发酵茶”。但由于两者“发酵”方式及条件不同，选用的原料也不同，所产生的结果必然不同。红茶发酵过程中，茶树鲜叶的多酚类氧化是依靠多酚氧化酶（PPO）及过氧化物酶（POD）的酶促作用而完成，而普洱茶在此过程中多酚类的氧化主要是依靠湿热作用完成的，因此普洱茶所具有的氧化产物及品质特征与红茶截然不同。邵宛芳等研究表明，红茶及普洱茶在280纳米、380纳米及450纳米处具有截然不同的色谱图及化学成分组成。红茶由于酶促氧化作用形成了一系列的氧化产物——茶黄素（TF）、茶黄酸及茶红素（TR，大分子的未知结构物），并保留一定的未氧化的多酚类及黄酮糖苷。而普洱茶的非酶促氧化作用却只形成一定量的TR，未氧化多酚类物质的含量及黄酮糖苷含量也较低，其中表儿茶素没食子酸酯（ECG）几乎完全氧化，而氧化产物中却不含TF及茶黄酸。普洱茶渥堆过程中大量形成茶褐素（TB），红碎茶中（TF+TR）/TB=1.52，而普洱茶中（TF+TR）/TB = 0.03，表明TB是普洱茶中十分独特的品质。大量的研究报道证实了TF、TR及TB均具有较强的药理作用，如抗氧化、防癌抗癌、抗菌抗病毒等。

### （一）普洱茶抗氧化功能

东方利用普洱茶粉，对照实验选用浙江省龙游茗皇天然食品开发有限公司的绿茶粉与红茶粉。3种茶粉均用水浸提2次，合并浸提液，真空冷冻干燥后得茶浸提液。实验随机分成4组，设对照组、绿茶组、红茶组与普洱茶组。采用灌胃给药小鼠，各茶组剂量为0.9克/（千克·天），对照组灌胃给药相当量的对照液（蒸馏水）。每天记录各组小鼠的体重变化。给药3周后断头取血与肝组织，进行MDA含量、SOD活性、GSH-PX活性和体外自由基（DPPH）测定。

首先测定了用于本研究中各茶粉的化学成分。其中绿茶中的多酚含量均高于红茶与普洱茶，而黄酮类含量则低于红茶与普洱茶。红茶与普洱茶具有相当量的没食子酸与咖啡因，且含量均高于绿茶。在绿茶与普洱茶中仅检测到少量的TF3G，红茶中的茶黄素含量高于绿茶与普洱茶。绿茶的儿茶素以EGC与EGCG为主，约占总量的70%以上。在DPPH反应体系中，各茶粉浓度的对数与清除率存在着线性关系（$P<0.01$）。由线性方程得出的抑制50% DPPH时所需浓度（$IC_{50}$），结果表明各茶粉对DPPH自由基的清除效果由强到弱依次为绿茶>红茶>普洱茶。整个试验期，小鼠体重基本上没有变化，实验末期体重虽略有下降，但与实验初期比较并无显著性差异（$P>0.05$）。与对照组相比，普洱茶组能显著降低小鼠血清中MDA含量（$P<0.05$），绿茶组与红茶组均无显著性差异（$P>0.05$）。红茶组（$P<0.01$）与普洱茶组（$P<0.05$）均能降低小鼠肝组织中MDA的含量，绿茶组与对照组相比，无显著性差异（$P>0.05$）。绿茶组与红茶组能提高小鼠肝组织中的SOD活性，与对照组相比达到极显著差异（$P<0.01$），而普洱茶组则对小鼠肝组织中的SOD活性具有抑制作用，与对照组相比达到极显著差异（$P<0.01$）。在小鼠血清中，各组均未检测到SOD活性。绿茶组与红茶组均能显著提高小鼠血清中GSH-PX活性，与对照组相比达到极显著差异（$P<0.01$），普洱茶组对小鼠血清中GSH-PX活性无显著性影响（$P>0.05$）。肝组织中的GSH-PX活性结果表明，三类茶组均能提高小鼠肝脏中GSH-PX活性，与对照组相比，绿茶组与红茶组达到显著差异（$P<0.05$），普洱茶组则达到极显著差异（$P<0.01$）。

不同的发酵程度影响了绿茶、红茶与普洱茶的多酚组成与含量差异。绿茶杀青加工过程中，利用高温钝化酶的活性，在短时间内制止由酶引起的一系列氧化反应，因此绿茶中多酚类物质主要是未经氧化的儿茶素类。红茶与普洱茶均属于“发酵茶”，二者的化学成分具有一定的相似之处，如具有相当量的没食子酸、未参加多酚氧化反应的GC等，但由于二者的发酵方式及条件不同，也存在诸多化学成分的差异，红茶的多酚类物质还存在一些儿茶素类经酶促氧化（PPO与POD）或非酶促氧化形成的聚合物如TF等。普洱茶由于有微生物参与作用，在漫长的温、湿的环境条件下其多酚类的变化更为复杂，且具有一定量的黄酮类化合物。在该研究中，红茶（水提物）仅含有约1%茶黄素，可能是大部分茶黄素进一步氧化转化为茶红素或茶褐素等物质，普洱茶中大多数儿茶素已被氧化，仅存在一定量的GC（约占水提物的5.4%），且高于绿茶与红茶。尽管普洱茶中多酚的含量比绿茶类少，但用超滤分离法得到的普洱水提物经分析后得高分子量物质（MW>3000 Daltons）多于50%（w/w），且普洱茶中没食子酸的含量高于绿茶。

研究表明茶叶中多酚类化合物清除自由基的能力已远远超过维生素C和E等抗氧化剂。现有研究报道表明普洱茶提取物在Fenton反应体系中清除自由基作用，抑制巨噬细胞中脂多糖诱导产生NO的能力与螯合铁离子作用均强于绿茶、红茶、乌龙茶提取物。结果表明体外清除DPPH自由基能力大小依次为绿茶>红茶>普洱茶。

SOD与GSH－PX是机体内清除自由基的重要抗氧化酶，对机体的氧化与抗氧化平衡起着至关重要的作用。研究结果表明，红茶与绿茶均能有有效提高SOD活性，且红茶略高于绿茶，而普洱茶对SOD活性则起抑制作用，这与Kuo报道的基本一致。实验中各组血清中均未检测到SOD活性，可能是饲料中的高脂成分进入血液后较易形成ROO－、RHOO－等类型的自由基，大量自由基转化后的下游产物抑制了SOD的活性。三类茶对GSH－PX的活性均有促进作用，且普洱茶组对肝组织中的GSH－PX活性促进作用均强于绿茶与红茶。MDA是氧自由基攻击生物膜中的不饱和脂肪酸而形成的脂质过氧化物，可反映出机体内脂质过氧化和机体细胞受自由基攻击的损伤程度。研究报道表明当增至一定浓度时，普洱茶水提物抑制脂质过氧化能力强于绿茶与红茶，这可能解释了在本研究中与对照组相比，普洱茶显著降低了MDA的含量，绿茶则无显著性差异。普洱茶一些特殊保健功能可能与存在的特异多酚类物质，如儿茶素的寡聚体等密切相关。东方曾经报道了在普洱茶乙酸乙酯萃取层中分离出的ES层，在清除轻自由基、超氧阴离子的能力及其对$H_2O_2$诱导HPF－1细胞损伤的保护作用均强于EGCG。这也表明了在普洱茶发酵过程中产生的一些未知的高分子量多酚类物质，如儿茶素衍生物或聚合物，可能具有与EGCG相当甚至更强的抗氧化功效。

普洱茶的化学成分非常复杂，多酚类黄酮类多糖类等化合物均具有较强的抗氧化活性。醋酸乙酯萃取部位为抗氧化活性部位，从该部位分离鉴定出的化合物主要有儿茶素类化合物、黄酮类化合物（山萘酚槲皮素和杨梅素）以及黄酮的糖苷等，均具有较多的羟基及较强的自由基清除能力。没食子酸是普洱茶中的主要抗氧化活性成分之一。金裕范等比较云南5个产地普洱茶的抗氧化活性，选择3年发酵的普洱饼茶，采用DPPH测定其抗氧化活性和自由基消除活性。研究结果表明，5个产地的普洱茶提取物均具有一定的抗氧化活性，以云南大理下关产普洱茶的抗氧化能力最强，其$EC_{50}$值为8.88毫克/升，云南普洱最弱，其$EC_{50}$值为21.81毫克/升，云南5个产地普洱茶抗氧化活性的强弱顺序：大理下关普洱茶>西双版纳普洱茶>临沧普洱茶>红河普洱茶>普洱市普洱茶。表明普洱茶是一种优良的天然抗氧化剂和自由基消除剂，云南不同产地普洱茶的抗氧化活性略有差异。



江新凤等采用高脂饲料饲喂法建立高脂血症大鼠模型，用普洱生茶、熟茶、乌龙茶、药组分别灌胃，实验35天后，检测大鼠血液丙氨酸氨基转移酶（ALT）、天冬氨酸氨基转移酶（AST）、总胆固醇（TCHO）、甘油三酯（TG）、高密度脂蛋白胆固醇（HDL-C）、低密度脂蛋白胆固醇（LDL-C）、谷胱甘肽过氧化物酶（GSH-PX）、微量丙二醛（MDA）、超氧化物歧化酶（SOD）的含量，以及观察大鼠的一般情况和肝、肾组织的病理变化，来观察普洱茶对实验性高脂血症大鼠血脂水平调节和血管内皮细胞的保护作用。结果表明，药、乌龙茶和普洱茶均能明显降低模型大鼠血液TCHO、TC、LDL-C 和SOD含量，提高HDL-C、AST、MDA和GSH-PX的含量（$P< 0.05$，$P< 0.01$），其中，普

洱茶作用显著优于药、乌龙茶。研究结论，药、乌龙茶和普洱茶均能显著调节机体的血脂水平，有效预防高脂血症和具有抗氧化等功能。

任洪涛等用同时蒸馏萃取法（SDE）富集普洱茶挥发性物质，并用 GC-MS 分析其化学组成，采用 DPPH 和 FRAP法对不同发酵阶段普洱茶挥发性物质的抗氧化活性进行评价，分析抗氧化活性与主要成分含量的关系。结果表明，普洱茶在发酵过程中甲氧基苯类化合物的相对含量大幅增加；挥发性物质的 DPPH 自由基清除能力和 FRAP总抗氧化能力随发酵程度的加深呈显著上升趋势，发酵出堆后分别提高了100%和 296%；挥发性物质的 DPPH自由基清除能力和 FRAP 总抗氧化能力与甲氧基苯类化合物和芳樟醇氧化物的相对含量具有显著正相关性。

陈浩比较分析了陈化时间分别为1年、3年以及5年的普洱茶多糖主要化学成分，评价了其体外抗氧化性能，同时研究了普洱茶多糖对四氧嘧啶诱导高血糖小鼠的餐后血糖、空腹血糖以及抗氧化状态的调节作用。研究结果表明，不同陈化时间的普洱茶多糖的含量和化学组成不同。5年陈普洱茶多糖（PTPS-5）得率最高（3.66%），3年陈普洱茶多糖（PTPS-3）次之（2.24%），1年陈普洱茶多糖（PTPS-1）得率最低（0.79%）。三种普洱茶多糖的蛋白质含量随陈化时间的增加而增加，PTPS-3和PTPS-5的糖醛酸含量也显著高于PTPS-1（$P<0.05$）。GC分析发现，尽管三种普洱茶多糖的单糖组成比例各不相同，但都是以半乳糖、阿拉伯糖、甘露糖为主，同时还有葡萄糖、鼠李糖、岩藻糖等单糖。分子量测定表明，普洱茶陈化时间可以提升普洱茶多糖中低分子量多糖的含量。普洱茶多糖具有较强的抗氧化活性和突出的a-葡萄糖苷酶抑制能力，且和陈化时间有密切关系。在4种（ABTS自由基、DPPH自由

基清除能力、FIC铁离子螯合能力、FRAP还原能力）不同的抗氧化评价体系下，PTPS-5具有最强的ABTS自由基清除能力（$IC_{50}$=0.49毫克/毫升）、DPPH自由基清除能力（$IC_{50}$=1.45毫克/毫升）、FRAP还原能力（浓度为1毫克/毫升时，FRAP值为1623.07）、FIC亚铁离子螯合能力（$IC_{50}$=0.73 mg/ml）。此外，PTPS-5还具有最强的a-葡萄糖苷酶抑制能力（$IC_{50}$=0.063毫克/毫升），显著高于阳性对照阿卡波糖（$IC_{50}$=0.18毫克/毫升），而PTPS-3也具有和阿卡波糖相似的a-葡萄糖苷酶抑制能力（$IC_{50}$=0.19毫克/毫升）。不管是4种抗氧体系下的抗氧化活性，还是对a-葡萄糖苷酶的抑制能力强弱，都是PTPS-5>PTPS-3>PTPS-1。普洱茶多糖对四氧嘧啶诱导糖尿病小鼠体内抗氧化状态有积极调节作用。灌胃40毫克/千克剂量的PTPS-5能将小鼠血清以及肝脏组织中的MDA含量和SOD活性改善至和正常组小鼠无差异水平，GSH-Px活性甚至显著高于正常小鼠（$P<0.05$），说明普洱茶多糖对糖尿病小鼠体内的抗氧化状态有积极的调节作用。

# 第四章 普洱茶的饮用与品鉴

『香飘千里外，味酽一杯中』便是普洱茶的真实写照，小小的一片叶子，竟如此神奇。让我们一起融入这片小小的叶子之中，一步步走近普洱茶，学会认识、品鉴普洱茶。

# 第一节
# 普洱茶新四大茶区

说到普洱茶，大家首先想到的是勐海、古六大茶山，然而近几年因普洱茶热席卷全国，特别是2007年以后山头茶概念的兴起，近两年小产区概念的推广，广大普洱茶爱好者对云南普洱茶产区越分越细，有按板块区分、有按行政区域区分、有按口感风格区分，但究其目的都是为了让大家能从更多方面去了解普洱茶。从大的区域看，云南普洱茶山主要分布在澜沧江中下游流域，大多普洱茶人又习惯以澜沧江与北回归线交汇处来划分云南普洱茶区，而以此划分出来的普洱茶区域又代表了茶区内普洱茶的风格，东北茶区的苦、西南茶区的涩、东南茶区的柔、西北茶区的刚，而东经100°附近则是普洱茶原料品质最优质的区域。



本书从目前茶业界和茶人比较认可的新划分来介绍新四大普洱茶产区，又从茶区内挑选一些近几年有代表性，较热门的小山头茶进行介绍。

## （一）西双版纳茶区

### 1. 茶区地理位置和环境气候

西双版纳位于云南的最南端，介于北纬21° 08′～22° 36′、东经99° 56′～101° 50′之间，与老挝、缅甸山水相连，和泰国、越南近邻，土地面积近2万平方公里，国境线长达966公里。西双版纳茶区内主要的茶区有勐腊茶区和勐海茶区。其中勐腊茶区所在地勐腊县地处云南省最南端，位于北纬21° 09′ ~ 22° 23′ 、东经101° 05′ ~ 101° 50′ 之间，由于地处北回归线以南，海拔480 ~ 2023米。东部和南部与老挝接壤，西边与缅甸隔江相望，西北与景洪市相接，北面与普洱市江城县毗邻，国境线长达740.8公里（中老段677.8公里，中缅段63公里）。勐腊县城距省城昆明868公里，距州府景洪172公里。勐腊茶区内海拔700 ~ 1900米，年平均气温17.2℃，年平均降水量1500 ~ 1900毫米。茶区内主要有基诺族、傣族、僾尼人、瑶族，饮食以酸辣生腥为主。建筑风格则大多以傣式建筑居多，近几年因普洱茶价格不断升高，茶农收入大幅增加，所以基本上每个村寨都盖上新式楼房。另外一个勐海茶区的主要归属地勐海县位于云南省西南部、西双版纳傣族自治州西部，地处东经99° 56′ ~ 100° 41′ 、北纬21° 28′ ~ 22° 28′ 之间。东接景洪市，东北接普洱市，西北与澜沧县毗邻，西和南与缅甸接壤，国境线长146.6公里。东西最长横距77公里，南北最大纵距115公里，总面积5511平方公里，其中山区面积占93.45%，坝区面积占6.55%。县城勐海镇距省会昆明776公里，距州府景洪40公里。勐海县属热带、亚热带西南季风气候，冬无严寒、夏无酷暑，年温差小，日温差大，依海拔高低可分为北热带、南亚热带、中亚热带气候区。年平均气温18.7℃，年均日照2088小时，年均降雨量1341毫米，全年有霜期32天左右，雾多是勐海坝区的特点，平均每年雾日107.5 ~ 160.2天。

**2. 茶区历史**

西双版纳西汉属哀牢部，东汉属鸠僚部，三国蜀汉属永昌郡，东晋属宁州郡，隋属濮部地。西晋到唐后期（476 ~ 902年）为部落联盟，傣称“泐西双邦”（即傣泐十二部落），号称勐泐国，都于景德。唐设茫乃道，属南诏开南节度。宋绍兴三十年（1160年）傣族首领帕雅真统一各部，建景陇王国，属大理国。元代设彻里路军民总管府，属云南行中书省。明为车里军民宣慰使司，属云南布政使司。清为车里宣慰使司，属云南行省元江直隶州，后属普洱府。1913年设普思沿边行政总局，辖7个区分局和1个行政区，先后属滇南道和酱洱道。1927年始设车里、佛海、五福（南峤）、象明、普文、芦山（六顺）、镇越等7个县和临江行政区，属普洱道。1948年属第七区行政督察专员公署（驻普洱）。1950年全境解放，建立人民政府，属宁洱专区。1953年1月23日建立西双版纳傣族自治区，自治区政府驻车里县景洪。原属思茅专区的车里（驻景洪）、镇越（驻易武）、佛海（驻勐海）、南峤（驻勐遮）4个县，宁江县的勐阿、勐旺2个县，思茅县的普文区，江城县的整董乡等划入西双版纳傣族自治区。1954年西双版纳傣族自治区政府驻地车里县景洪改为允景洪。撤销车里、镇越、佛海、南峤4个县，改设版纳景洪、版纳勐海、版纳勐旺、版纳易武、版纳勐捧、版纳勐混、版纳勐遮、版纳勐养、版纳勐腊、版纳勐龙、版纳勐阿、版纳曼敦等12个版纳及格朗和哈尼族自治区、易武瑶族自治区与布朗山区。1957年设立西双版纳傣族自治州，自治州人民委员会驻允景洪。辖版纳景洪（驻允景洪，由原版纳景洪、版纳勐龙、版纳勐养和版纳勐旺的勐醒、勐旺、整董改设）、版纳易武（驻易武，由原版纳易武、易武瑶族自治区和版纳易武的倚邦改设）、版纳勐腊（驻勐腊，由原版纳勐腊、版纳勐捧改设）、版纳勐海（驻勐海，由原版纳勐海、版纳勐混、版纳勐阿、格朗和哈尼族自治区及布朗山区改设）、版纳勐遮（驻勐遮，由原版纳勐遮、版纳曼敦改设）等5个版纳。1958年版纳景洪、版纳易武、版纳勐腊、版纳勐海、版纳勐遮分别改为景洪县、易武县、勐腊县、勐海县、勐遮县。1959年撤销易武县，并入勐腊县；撤销勐遮县，并入勐海县。西双版纳傣族自治州辖3个县。1993年12月撤销景洪县，设立景洪市。西双版纳傣族自治州辖1市、2县。1997年，西双版纳面积19700平方千米，人口81.8万，傣族占总人口的35%。辖景洪市及勐海、勐腊2个县。州府驻景洪市。2004年，根据州人民政府《西双版纳州关于调整西双版纳部分乡镇行政区划的通知》：景洪市撤销小街乡、景洪镇，原小街乡管辖的行政区域划归勐龙镇管辖，原景洪镇的纳板、曼点、曼沙、曼迈、曼戈播5个村委会划归嘎洒镇管辖，将曼外、曼戈龙2个村委会划归允景洪街道办事处管辖；勐海县撤销西定哈尼族乡和巴达哈尼族布朗族乡，合并设立西定哈尼族布朗族乡。新设立的西定哈尼族布朗族乡管辖原来西定哈尼族乡和巴达哈尼布朗族乡的行政区域，隶属关系不变，乡政府驻原西定哈尼族乡政府驻地；勐腊县撤销曼腊彝族瑶族乡、勐润哈尼族乡，原曼腊彝族瑶族乡管辖的行政区域划归易武乡管辖，原勐润哈尼族乡管辖的行政区域划归勐捧镇管辖。



**3. 茶区分类**

西双版纳几乎全境产茶，景洪境内有古六大茶山之攸乐古茶山（现称基诺山），景洪以东为勐腊茶区，是历史上有名的茶马古道源头，古六大茶山所在地，景洪以西为勐海茶区，是近年较热门的新六大茶山所在地（除景迈属普洱澜沧茶区外，其他五山均在勐海境内），因澜沧江穿景洪而过，所以大家又习惯将古六大茶称为江内茶区，而将新六大茶山称为江外茶区。西双版纳茶区内主要的茶区有勐腊茶区和勐海茶区。

（1）勐腊茶区

“勐腊”系傣语，“勐”意为平坝或地区，“腊”意为“茶”，“茶水”即“献茶水之地”。传说释迦牟尼巡游到此时，人们献很多茶水，喝不完的倒在河里，此河名“南腊”，即“茶水河”，“勐腊”因此得名。勐腊在西汉时属益州郡哀牢地，东汉属永昌郡鸠僚地，隋朝属濮部，唐南诏时属银生节度，宋代属景陇王国，宋淳熙七年（1180年），归属傣族首领帕雅真，元代属彻里路军民总管府，明清属车里宣慰使司，明隆庆四年（1570年），车里宣慰司将其辖区划分为12个版纳，勐腊县境内勐腊、勐伴为1个版纳，勐捧、勐润、勐满为1个版纳，整董、倚邦、易武为1个版纳，清雍正七年（1729）置勐腊土把总。1913年属普思沿边行政总局第五区（勐腊）、第六区（易武）行政分局，1927年第五区改置镇越县，第六区改置象明县。1929年象明县并入镇越县，属普洱道。1949年11月6日解放，成立镇越县人民政府，隶属宁洱专区。1953年撤销镇越县，置版纳易武、版纳勐腊、版纳勐捧和易武瑶族自治区，属西双版纳自治区（州）。1957年并为易武、勐腊两个县级版纳。1958年并为易武县，1959年改名勐腊县。2002年3月22日，云南省人民政府批准：撤销勐腊县勐腊乡、勐腊镇，设立勐腊镇，镇政府驻原勐腊乡政府驻地曼列村，将原勐腊乡景飘行政村毛草山、桃子箐、纳秀3个村民小组划归勐伴镇会落行政村管辖。2004年9月30日，云南省人民政府批准：撤销曼腊彝族瑶族乡、勐润哈尼族乡，原曼腊彝族瑶族乡管辖的行政区域划归易武乡管辖，原勐润哈尼族乡管辖的行政区域划归勐捧镇管辖。

勐腊境内主要产茶区集中在北部山区，历史上有名的古六大茶山除攸乐外，全在勐腊境内的易武乡和象明乡，主是茶山分部如下：

①易武：曼秀、三丘田、落水洞、麻黑、丁家寨、刮风寨、老街、弯弓。

②蛮砖：曼庄、曼林、曼迁。

③革登：新洒坊、值蚌、新发。

④莽枝：江西湾、秧林、董家寨、红土坡。

⑤倚邦：曼松、曼拱、架布、河边。

⑥攸乐：亚诺、龙帕、司土老寨、么卓。

整个勐腊茶区内茶种较杂，有野生型古树、过渡型古树（变异紫径茶），但主要以大叶种茶为主，易武大叶茶相比勐海种大叶茶而言，叶片更大，更细长，不显毫，茶区内还特有当地称为柳条茶的小叶种茶，而小叶种茶又以曼松茶名气最大。

（2）勐海茶区

勐海茶区主要在勐海县。勐第汉代前，隶属昆明、嶲部落，是“西南夷”的一部分。西汉时，隶属益州郡。东汉光和年间，划归永昌郡。唐南诏时，隶银生节度。宋淳熙七年（1180年），境内设九勐土司地。元朝，属车里路军民总管府。明朝，隶属车里军民宣慰使司。明隆庆四年（1570年），宣慰使召应勐将辖区划为12个版纳，本县境内设4个版纳。清朝时，沿袭明制。清顺治十八年（1661年），境内重置九勐土司地。“民国”元年（1912年），改设勐海、勐遮、勐混3个区。“民国”二年（1913年），境内设勐遮、勐混（实驻勐海）2个区。“民国”十六年（1927年），改区设佛海县、南峤县、宁江设治局。1950年2月17日，境内解放。1951～1958年，建制几经变动。1958年11月，勐遮、勐海两县合并为勐海县至今，隶属西双版纳傣族自治州。2000年，勐海县辖2个镇、12个乡。2004年，勐海县撤销西定哈尼族乡和巴达哈尼族布朗族乡，合并设立西定哈尼族布朗族乡。新设立的西定哈尼族布朗族乡管辖原来西定哈尼族乡和巴达哈尼布朗族乡的行政区域，隶属关系不变，乡政府驻原西定哈尼族乡政府驻地。

勐海县可分为5个气候区：

①北热带。为低于海拔750米的打洛、勐板、布朗山的南桔河两岸河谷地区及勐往的勐往河和澜沧江两岸河谷地区。

②南亚热带暖夏暖冬区。为海拔750～1000米的勐满、勐往坝区布朗山南桔河两岸。

③南亚热带暖夏凉冬区。为海拔1000～1200米的勐海、勐遮、勐混、勐阿（包括纳京、纳丙）、勐往的糯东。

④南亚热带凉夏暖冬区。为海拔1200～1500米的勐阿的贺建，勐往的坝散，勐宋的曼迈、曼方、曼金，格朗和的黑龙潭、南糯山，西定的曼马、南弄，巴达的新曼佤、曼皮、曼迈、章朗和勐冈全境。

⑤中亚热带区。为海拔1500～2000米的西定、巴达、格朗和、勐宋4个乡的大部分地区及勐满的东南至东北面。

勐海县境内居住着傣族、哈尼族、拉祜族、布朗族、汉族、彝族、回族、佤族、白族、苗族、壮族、景颇族等25个民族，其中傣族、哈尼族、拉祜族、布朗族是本地的四大主体民族。主要分布如下：



①北部：勐海勐宋、华竹梁子、那卡、保塘。

②西部：南峤、巴达、章朗、曼糯、贺松。

③东部：帕沙、南糯（多依、半坡、南拉、姑娘、石头、拔玛）、曼迈、贺开（邦盆、广别、曼弄、广冈）。

④南部：景洪勐宋、布朗山（老班章、新班章、老曼娥、坝卡囡、坝卡竜、吉良）。

勐海茶区内茶种主要以勐海大叶种为主（勐海大叶种发源于南糯山），茶区内有野生型古树（贺松）、过渡型古树（变异紫径茶）及中小叶种（主要集中在勐宋茶区）。勐海大叶种茶芽头肥硕，叶片肥厚，毫浓密，茶梗粗壮。而中小叶种茶芽头细嫩，叶片呈椭圆形，毫密，持嫩。

勐海茶区传统家家自采制茶，且采摘规范，通常采摘标准二叶居多，茶区内早期很少有大规模的初制加工所，但近几年很多普洱实力生产厂家在茶区内或承包合作，或收购鲜叶加工，初制较为发达，整个晒青毛茶 制作工艺在省内来说算较有代表性，传统晒青毛茶制作工艺：鲜叶采摘→静置萎凋→大锅中温杀青→搓揉→日晒。干毛茶外形条索松紧适度，芽肥毫密，大小长短均匀，春茶马蹄较多，毛茶油润光亮，黄片少、黑条少，新茶汤色金黄明亮，苦味较重，基本无涩感，青味不明显，叶底也通常无焦片，基本无红梗，光鲜富韧性，陈放些时日后则香气较好，汤质较浑厚，有较强冲击力，回甘快且持久，转化快。

### （二）普洱茶区

#### 1. 茶区地理位置和环境气候

普洱市位于云南省西南部，地处北纬22° 02′ ~24° 50′ 、东经99° 09′ ~102° 19′ 之间，东临红河、玉溪，南接西双版纳，西北连临沧，北靠大理、楚雄。东南与越南、老挝接壤，西南与缅甸毗邻，国境线长约486公里（与缅甸接壤303公里，与老挝接壤116公里，与越南接壤67公里）。普洱市南北纵距208.5公里，东西横距北部55公里、南部299公里，总面积45385平方公里，是云南省面积最大的州（市）。市级机关驻思茅区的思茅镇，海拔1302米，距省会昆明公路里程415公里、空中航线305公里，乘飞机35分钟可抵达。有布朗族、瑶族等，普洱市民族风情迥异多彩。

普洱由于受亚热带季风气候的影响，这里大部分地区常年无霜，冬无严寒，夏无酷暑，享有“绿海明珠”“天然氧吧”之美誉。普洱市海拔317～3370米，中心城区海拔1302米，普洱市年均气温15～20.3℃，年无霜期在315天以上，年降雨量1100～2780毫米，负氧离子含量在七级以上。

## 2. 茶区历史

1950年设立宁洱专区，专署驻宁洱县。辖宁洱、思茅、六顺、车里、佛海、南峤、镇越（驻易武）、澜沧（驻募乃）、景谷（驻威远）、景东（驻锦屏）、镇沅（驻恩乐镇）、墨江（驻玖联镇）、江城（驻勐烈）、宁江（驻勐旺）、沧源（驻勐董）等15个县。1951年宁洱专区改称普洱专区，宁洱县改名普洱县。普洱专区辖15个县。 1952年将沧源县划入缅宁专区。澜沧县迁驻勐朗坝。普洱专区辖14个县。1953年将车里、镇越、佛海、南峤4个县划归西双版纳傣族自治州。撤销六顺县，并入思茅县；撤销宁江县，将勐旺、安康2个区划归西双版纳傣族自治区；雅口、新营盘2个区划归澜沧拉祜族自治区。1953年4月7日由澜沧县部分地区设立澜沧拉祜族自治区（驻募乃）。思茅专区辖8个县、1个自治区。1954年5月18日江城县改设江城县哈尼族彝族自治区（驻勐烈）；同年10月16日由澜沧县和澜沧拉祜族自治区各一部地区合并设置孟连县傣族拉祜族佤族自治区（驻孟连城子）。思茅专区辖7个县、3个自治区。1955年普洱专署迁驻思茅后改称思茅专区（驻复兴镇）。江城县哈尼族彝族自治区改为江城哈尼族彝族自治县；撤销澜沧县，并入澜沧拉祜族自治区。思茅专区辖6个县、1个自治县、2个自治区。1959年澜沧拉祜族自治区改称澜沧拉祜族自治县；孟连县傣族拉祜族佤族自治区改称孟连傣族拉祜族佤族自治县。辖6个县、3个自治县。1960年撤销思茅县，并入普洱县；撤销镇沅县，并入墨江、景东、景谷3个县及玉溪专区的新平县。思茅专区辖4个县、3个自治县。1962年恢复镇沅县（驻按板镇）。思茅专区辖5个县、3个自治县。1965年由西盟山区设立西盟佤族自治县，同年3月6日西盟佤族自治县正式成立（驻西盟）。思茅专区辖5个县、4个自治县。1970年思茅专区改称思茅地区，地区驻普洱县思茅镇（原复兴镇）。

辖普洱（驻宁洱镇）、景东（驻锦屏镇）、镇沅（驻按板镇下观音）、景谷（驻大街镇）、墨江（驻玖联镇）等5个县及江城哈尼族彝族自治县（驻勐烈镇）、澜沧拉祜族自治县（驻勐朗镇）、孟连傣族拉祜族佤族自治县（驻孟连城子）、西盟佤族自治县（驻西盟镇）等4个自治县。1979年撤销墨江县，改设墨江哈尼族自治县。思茅地区辖4个县、5个自治县。2003年10月30日，撤销思茅地区，设立地级思茅市。（1）撤销思茅地区和县级思茅市，设立地级思茅市。市人民政府驻新成立的翠云区思茅镇月光路。（2）思茅市设立翠云区，以原县级思茅市的行政区域为翠云区的行政区域，区人民政府驻思茅镇过街楼路。（3）地级思茅市辖原思茅地区的普洱哈尼族彝族自治县、墨江哈尼族自治县、景东彝族自治县、镇沅彝族哈尼族拉祜族自治县、景谷傣族彝族自治县、江城哈尼族彝族自治县、澜沧拉祜族自治县、孟连傣族拉祜族佤族自治县、西盟佤族自治县和新设立的翠云区。2006年1月20日，民政部正式批准思茅市乡镇行政区划调整。2007年1月21日，同意云南省思茅市更名为云南省普洱市，普洱哈尼族彝族自治县更名为宁洱哈尼族彝族自治县，思茅市翠云区更名为普洱市思茅区。普洱市下辖1个市辖区，9个自治县。区：思茅区。自治县：宁洱哈尼族彝族自治县（宁洱镇）、景东彝族自治县（锦屏镇）、镇沅彝族哈尼族拉祜族自治县（恩乐镇）、景谷傣族彝族自治县（威远镇）、墨江哈尼族自治县（联珠镇）、澜沧拉祜族自治县（勐朗镇）、西盟佤族自治县（勐梭镇）、江城哈尼族彝族自治县（勐烈镇）、孟连傣族拉祜族佤族自治县（娜允镇）。

2000年，据第五次全国人口普查数据：思茅地区总人口2480346人；思茅市 230834人，普洱哈尼彝族自治县 188106人，墨江哈尼族自治县 355364人，景东彝族自治县352089人，景谷傣族彝族自治县 288794人，镇沅彝哈尼拉祜县205709人，江城哈尼彝族自治县100243人，孟连傣族拉祜族佤族自治县 208593人，澜沧拉祜族自治县 464016人，西盟佤族自治县 86598人。其中少数民族人口达153.7万，占59.4%。全区少数民族有26个，世代居住在这里的有14个，主要有哈尼族、彝族、傣族、拉祜族、佤族。

普洱茶的种植历史和原生历史源远流长。思茅地区澜沧邦崴周围发现的新石器已是3000多年前的濮人文化，邦崴过渡型古茶树是古代濮人栽培驯化茶树的“科学实验”遗留下来的活化石。

清道光《普洱府志》“六茶山遗器”载，早在1700多年前的三国时期，普洱府境内就已种茶，而最早在历史文献中记载普洱茶种植的人，是唐代咸通三年（公元862年）亲自到过云南南诏地的唐吏樊绰，他在其著《蛮书》卷七中云：“茶出银生城界诸山，散收无采造法。蒙舍蛮以椒姜桂和烹而饮之。”银生城即今思茅市的景东县城，景东城即是唐南诏时的银生节度所在地，银生节度辖今思茅市和西双版纳州。历史记载说明，早在1100多年前，属南诏“银生城界诸山”的思普区境内，已盛产茶叶。明代万历年间的学者谢肇淛在其著《滇略》中，已提到“普茶”（即普洱茶）这个词，该书曰：“士庶所用，皆普茶也，蒸而成团”。清光绪二十三年（公元1879年）以后，法国、英国先后在思茅设立海关，增加了普洱茶的出口远销，普洱茶马古道随之兴旺。作为文物遗迹，今还有思茅三家村社坡脚寨茶马古道、卡房高酒房茶马古道、普洱那柯里茶马古道、茶庵塘茶马古道及景谷、镇沅、景东、墨江茶马古道、古驿站，石上马蹄印，记录下了当年运茶马帮的历史。普洱茶茶区主要的分布地：

① 宁洱：困鹿山、新寨、板山。

② 澜沧：景迈、忙景、邦崴、帕赛。

③ 江城：田房。

④ 景谷：秧塔、苦竹、文顶山、黄草坝、龙塘、团结。

⑤ 墨江：迷帝、景星。

⑥ 镇沅：千家寨、老乌山、田坝、马邓、勐大、振太。

⑦ 景东：御笔、金鼎、老仓福德、漫湾。

普洱茶区作为普洱茶的传统产茶大区域，具有较高的历史地位，无量山横穿整个茶区，茶区内茶种繁多，镇沅千家寨的野生茶，大、中、小叶混生的困鹿山，出产大白茶的景谷秧塔，大面积藤条茶群居的老乌山等，而后期普洱、宁洱、西盟等地则大面积种植了一些新的名优茶种，如：云抗十号、雪芽100号、紫芽、紫娟等。普洱茶区内所产普洱毛茶多以香柔为主，比如无量山茶的甜水、景迈茶特有的兰香等。

**3. 茶叶特点**

茶区内传统晒青毛茶以混采、不走水、高温快杀青、紧揉、日光暴晒的工艺为主，故传统工艺茶条黑紧，涩感强，多用于拼配或熟茶的渥堆发酵，而近几年因普洱山头茶一路受捧，产茶区域越来越细化，工艺也有较大改进，普洱茶区、景谷茶区等制茶工艺与勐海接近，多为标准采摘、静置走水、中温慢杀、轻揉日晒的工艺制作，而茶区内最为热门的景迈茶因大多乔木混生于雨林之中，因而高香津涩重，近几年新工艺多为标准采摘、静置走水、中温慢杀、轻揉、冷堆、日晒的工艺去制作，此工艺制作出的晒青毛茶外形匀称显毫，光鲜度好，开泡香气张扬，茶汤黄亮，涩度较低，叶底黄润。

## （三）临沧茶区

**1. 茶区地理位置和环境气候**

临沧市位于云南省的西南部，介于东经98° 40′ ~100° 34′、北纬23° 05′ ~25° 02′之间，云南临沧东部与普洱市相连，云南临沧西部与保山市相邻，云南临沧北部与大理白族自治州相接，云南临沧市南部与邻国缅甸接壤。临沧市属横断山系怒山山脉的南延部分，系滇西纵谷区，境内有老别山、邦马山两大山系。地势中间高，四周低，并由东北向西南逐渐倾斜。境内最高点为海拔3429米的永德大雪山，最低点为海拔450米的孟定清水河，相对高差达2979米。

临沧市属于横断山脉南延部分，是滇西纵谷区，境内有老别山、邦马山两大山脉，永德大雪山、临翔大雪山和双江大雪山构成山脉主峰。澜沧江、怒江为临沧两大水系，两江境内有罗闸河、小黑江、南汀河、南棒河、永康河等。临沧属于亚热带低纬度山地季风气候，四季温差不大，干湿季节分明，对植物生长和茶树繁殖有着极其有利的一面。



临沧市辖区临翔区、凤庆县、云县、永德县、镇康县和双江拉祜族佤族布朗族傣族自治县、耿马傣族佤族自治县、沧源佤族自治县8个县（区），89个乡镇，898个村民委员会（含居委会），27个社区。总面积2.45万平方千米。

**2. 茶区历史**

临沧称为“百濮”（佤族、布朗族、德昂族先民）的族群已向商王献珠宝、短狗等特产。武王十三年春，睽参与伐封，会于孟津。秦、西汉，今临沧市属哀牢国地，出现永康岩画。《山海经》首次记述耿马县孟定为“寿麻”地。 汉武帝元封二年（公元前110年），滇置益州郡，辖24个县，云县属益州郡辖。由于筑通“五尺道”，云南开始了和内地的联系。铁器和其他物资从四川进入云南，促进了云南边疆社会经济的发展。西汉时期，益州郡的设置，使滇东北和滇池地区的人们在农业方面学会牛耕、灌溉；在工业方面学会铜、锡、银的开发和加工等先进的生产技术。虽然仅是运用手工方式进行生产，但却开阔了边疆人民的视野，提高了产品的产量，使滇中、滇西、滇东北的一些坝区逐步向奴隶制生产方式过渡。三国时，诸葛亮平定南中后，便在云南劝课农桑，大兴屯田，发展生产，使今曲靖市成为当时云南的经济文化发展中心。明帝永平十二年（公元69年），哀牢王柳藐请求归附汉王朝。汉王朝以哀牢王辖地设哀牢（今腾冲县、龙陵县和德宏州、临沧市）、博南（今永平）2个县，割益州西部6个县为澜沧郡，后改为永昌郡，吕不韦（保山）。建兴三年（公元225后），镇康县在永寿境，属永昌郡辖。出现锹形铸犁及牛耕。同年，诸葛亮“五月渡泸深入不毛”南征，“师至白崖”，追击孟获。“获因南走庆甸（今凤庆县）”。蜀汉时，永昌郡增设雍乡、永寿县，此两县域均在今临沧市。 西晋元康九年（公元299年），永昌郡治南移永寿（今耿马）县，历时43年[东晋咸康八年（公元342年）止]。从西晋一直到唐朝中期，云南始终处于社会动荡、连年争战中。到了南诏、大理国时期，才逐渐稳定下来。当时南诏是一个奴隶制政权，作为云南的统治政权，南诏把种族奴隶制——“佃人制”推行到各地。如征服“西爨”后，即把滇池地区的居民移迁到保山、大理一带，降为生产奴隶（佃人）。奴隶中有相当一部分是从四川掳掠来的工匠，他们带来先进的生产技术，对云南社会、经济、文化的发展起到了很大的促进作用，使用奴隶成为南诏统治的基础。南诏末期，洱海地区已基本完成了奴隶制向封建领主制的转化。大理国实行封建分封制，农奴主利用分封和占有的土地建立庄园，强迫农奴无偿地在庄园耕作，并负担沉重的劳役、兵役和苛捐杂税。不过，由于当时农奴还有人身自由和属于自己的少量土地，所以生产积极性比较高。

大理国历时300多年，政治稳定，与中原地区的交流不断增强，社会经济也得到了较大发展。

高宗麟德元年（公元664年），唐王朝设剑南道姚州都督府（今姚安县境），云县、凤庆属其辖地。南诏时期，以十败为1个区域，加七节度、二都督共10个区域，凤庆地属永昌节度管辖的唐封川一带。南诏时期（公元748～895年），在永康设拓南城，归永昌节度。大理国前期，凤庆地仍属永昌节度，为蒲蛮孟柞地。大理国后期，凤庆称庆甸，隶属永昌府，将南诏时期的拓南城改为镇康城。绍圣三年（公元1096年），镇康分属金齿镇的镇康城和永昌府的庆甸。洱海一带基本保持着封建农奴制，而滇池地区封建地主经济则得到较快发展，到了元朝末期，封建地主经济已占主要地位。元王朝在云南省修建松花坝及六河堤，第一次对滇池进行综合治理。此外，大规模地组织军队和百姓在今昆明、曲靖、楚雄、红河、大理、保山6个地方实行屯田，由此出现了自耕农的私有土地和个体农民所有制。这些个体农民摆脱了封建农奴制的人身依附关系，除直接向政府交纳赋税处，还可享有土地上的其他收入。元朝以后，云南社会经济得以发展的一个重要原因就是实行了“兵自为食”的卫所屯田制度。 宪宗四年（公元1254年），元兵克昆明，遂定云南诸郡，蛮部36路、48甸皆设土官，归大理金齿都元帅统辖。至元八年（公元1271年），分金齿白夷为东西两路安抚使，镇康置东路安抚使。至元十二年（公元1275年），赛典赤改东路安抚司为镇康路安抚使。至元十五年（公元1278年），镇康路安抚司改为宣抚司，立镇康路军民总管府。至元二十一年（公元1284年），元将罕的斤破金齿。二十四年（公元1287年），金齿孟定甸官俺嫂、孟缠甸阿受、夫鲁寨木 拜率民25000人降。至元二十六年（公元1289年），立孟定路。至元三十一年（公元1294年），置孟定路军民总管府，以金齿归附官阿鲁为孟定路总管，佩虎符。至元二十三年（公元1286年），撤镇康安抚司并入大理等处宣抚司。大德、至大年间（公元1298～1311年），梁王派苏庆任镇康军民总管府同知。泰定二年（公元1325），顺宁（凤庆）部落首领孟氏，请求内附。木邦兵侵入镇康县境，土司泥囊率众抵抗7个月，土官泥囊叛变，奉诏后出降。泰定三年（公元1326年）三月，孟定路东南置谋粘路，明洪武十五年（公元1382年）三月废。泰定四年（公元1327年）十一月，置顺宁土府，以孟氏为土知府，左氏为土同知，属大理路，并赐姓氏。文宗天历元年（公元1328年），设顺宁府宝通州、庆甸县及大侯长官司。临沧民族众多，其中佤族占全国佤族总人口的2/3。此外还生活着佤、傣、拉祜、布朗、德昂、彝、景颇等23个少数民族。

**3. 茶叶特点**



在云南省4个主要产茶区中，临沧市面积居首，采摘面积近90万亩，占全省面积的近1/3，居云南全省茶叶产量之首。临沧茶是世界大叶种茶发源地之一，临沧茶以其“健、奇、厚、和、真”五德在云南普洱茶中奠定了其在云茶中的重要地位。云茶在临沧历史悠久，临沧主要有23个民族，其中史前的百濮（佤族、布朗族、德昂族、拉祜族、傣族）都是与云茶息息相关的民族。在临沧境内，有大面积野生茶树群落和栽培型古茶园。

临沧茶树资源丰富，经研究部门调查，全市共4个茶系，8个品种。全市7县1区都有丰富的野生茶树群落和栽培型古茶园。

（1）野生茶：最具有代表性的就是双江勐库野生茶树群落、沧源糯良贺岭村大黑山野生茶树群落、耿马芒洪大浪坝野生茶树群落。

（2）栽培型古茶园：临沧市有百年以上树龄的栽培型古茶园

约23160亩，其中凤庆10600亩、云县5460亩、临翔区5000亩、双江县2000亩、沧源县100亩，耿马、永德、康镇等均有分布。

至2006年，临沧栽培型茶园总面积达93.2万亩，茶叶总产量达3.58万吨。无性系良种茶园面积占茶园总面积的比例达31.1%，累计获有机认证茶园3.7万亩。临沧茶区分布如下：

（1）临翔区：邦东、那罕、昔归。

（2）双江：坡脚、邦骂、小户赛、坝歪、糯伍、南迫、冰岛、 老寨、地界、坝卡、邦丙、邦改、大户赛、邦木、亥公。

（3）镇康/永德：永德大雪山、鸣凤山、忙波、忙肺、马鞍山、岩子头、汉家寨、勐捧、梅子箐。

（4）耿马/沧源：户喃、帕迫。

（5）云县：白莺山、核桃岭、大寨。



（6）凤庆：香竹箐、平河、岔河、永新。

## （四）保山茶区

### 1. 茶区地理位置和环境气候

地处云南省西部，地势北高南低向南贯穿，澜沧江通过东部，在云南4个主要产茶区中，纬度最高，平均海拔最高，气温最低，雨量最少，辖区保山市、昌宁、腾冲、龙陵、施甸等地，都有大面积的茶叶生产。保山境内自然条件优越，适宜茶树生长，茶树品种资源丰富，是云南“滇红”及普洱茶的重要产地。1986～1987年，昌宁、腾冲、龙陵3个县被列为全国首批优秀茶基地县和国家出口红茶商品基地县。全市有10万亩无性系良种茶叶基地，15万亩无公害茶叶生产基地。

### 2. 茶树面积、年产量和茶叶品种

2005年末，保山茶叶面积35.42万亩，产量1396.5万千克，产值2亿元，农民茶叶收入1.6亿元。产量、产值、茶农收入比“九五”末分别增长33%、76.3%和58%。涉茶人员60多万人，占全市总人口的1/4，茶农45万人。茶叶发展集中在全市25个主产茶乡镇，这些乡镇中40%的农民家庭收入来自茶叶。茶产业产值占全市生产总值的5.4%，成为该区的支柱型产业，现居云南省第四位。有茶叶初制加工企业560个，初精合一茶厂55个，茶叶精制生产线30条，初精制生产能力2500万千克，初具茶叶产业化经营企业15个，包括红茶、绿茶、普洱茶、花茶等。近年来普洱茶及以生产普洱茶为原料的晒青绿茶数量不断增加。据统计，普洱茶生产企业达50多家，产量3000吨，普洱茶花色品种30多个。该区茶叶产品有50多个品牌及系列产品，其中35个已获得省部级以上名优茶及优质产品称号，有17个茶叶品牌及花色品种获得无公害有机茶及绿色食品认证。清凉山、高黎贡山、尼诺、宁红等是该区著名的茶叶品牌。

昌宁县位于澜沧江中下游米明山秀水之间，境内气候十里不同天，海拔相对高度较大，形成了低热、温热、温凉、高寒的立体气候。森林覆盖率达46.7%。昌宁县境内的茶树品种资源十分丰富。野生型古树茶，茶园主要有箐茶和包洪茶。箐茶于1981年发现于街水炉阿甘梁子原始森林内，一般树高700～800厘米，树幅300厘米×500厘米，胸径8～10厘米，叶形椭圆，叶色绿，叶质薄软，叶面微微隆起，芽有多层鳞包裹，叶面积71平方厘米。包洪茶属于大理茶种类，在大田坝乡和漭水镇相连的狮子塘梁子原始森林中，分布的野生古树茶资源，其中最大的一株高1000厘米，树幅600厘米×700厘米，胸径15厘米。栽培型古树茶，茶园主要品种有大理茶、藤子茶和昌宁大茶。

龙陵县古树茶资源，其中一株树高18.2米，树幅5.8米，干径

123厘米，数形乔木，树姿直立，叶片长、宽13.3厘米×6.6厘米，叶椭圆形，叶厚有光泽，叶色深绿，芽叶茸毛稀少。花大，平均花径5.8厘米，花瓣11片，子房有毛，柱头5裂。

腾冲县古树茶资源，其中一株树高7.7米，树幅2.5米，干径29.3米，数形乔木，树姿直立，叶片长、宽17.5厘米×6.6厘米。主要形态特征：叶椭圆形，叶面光滑，叶质厚，叶色深绿。芽毛稀少，芽色微紫，平均花径4.8厘米。子房有毛，柱头5裂。

**3. 茶区各茶山简介**

（1）漭水镇漭水村黄家寨栽培型古茶树群。此地海拔1840米，古茶树群分布面积达100亩，其中较古老茶树400多株相对集中，树龄在500年以上。

（2）漭水镇沿江村茶山河保家洼子野生古茶树。此地海拔2348米，有野生“红裤茶”“报洪茶”群。

（3）漭水镇沿江村羊圈坡野生古树树群。此地海拔2340米，古茶树群分布较集中，100多米地坎上有基部直径40多厘米大茶树20株，株距 3 米左右，属大理茶。

（4）温泉乡联席村芭蕉林野生古茶树群。此地古茶树群分布面积较大，茶树基部直径60厘米以上的大茶树有1000株以上，其中最大茶树高15米，基部茎围2.85米，树幅6米×6米，属于大理茶。

（5）石佛山古茶树群。田园镇新华村石佛山海拔2140米，古茶树群分布面积较大，其中有较大古茶树 5 株，最大一株茶树当地俗称“柳叶青”，基部茎围3.03米，树高14.8米，树幅 6 米×8.4米。1997年7月，西南农业大学刘勤晋教授到实地考证，该茶树属大理茶亚系栽培型古茶树，树龄在1000年以上。

（7）温泉乡联席村破石头栽培型古茶树。此地属栽培型古茶树群，其中最大一株高5.8米，树幅5.1米×5.4米，基部茎围2.6米，基部有4个分枝，小乔木披张型，叶色绿，茸毛多。属普洱茶，当地人称原（袁）头茶，是云南作为茶树原产地的见证之一。据国家“茶树种质资源系统鉴定评价”研究结果，该茶树茶多酚、儿茶素含量高，制茶品质优，香气高。

# 第二节

## 普洱茶的贮存

普洱茶作为一种典型的后发酵茶，具有“茶汤红褐明亮，越陈越香”的特点，普洱茶特别是晒青茶是活的有机体，它的感官品质和独特风味必须经历相当长时间的后发酵过程才能形成。

从感官品质来看，晒青茶随着贮藏时间的延长，茶叶颜色由浅墨绿向微棕褐变化（如图4−1），滋味由苦涩转变为入口涩微苦回甘、滑顺，汤色由淡黄色转变为红黄色或琥珀色。熟茶的汤色由红褐色向褐红色变化，香气由清纯转为陈香持久，滋味转向醇厚甘甜。从普洱茶的化学成分、组成、含量和功能来看，随着储存时间的延长，不管是晒青茶还是熟茶，其含有的茶多酚、儿茶素、游离氨基酸、茶红素、茶黄素含量、可溶性糖保留量都有明显的降幅，黄酮类化合物增加，茶褐素大量积累，普洱茶抗氧化性、清除$NO_2$能力未呈现明显增强规律性，而对α−淀粉酶抑制作用有所增加。

图4−1　陈化中的晒青茶

普洱陈茶的品质形成有两

个重要的因素：一是原料的选择，只有选择用料精良，品质稳定的茶叶，才具有陈华的根本；二是存储环境的选择，茶叶在贮存期间由于受水分、氧气、温度、光照、微生物等外界因素的影响，内含物会发生氧化、聚合等，使得普洱茶在色泽、滋味、香气等方面都发生变化，影响贮藏过程中普洱茶品质形成的存储条件主要包括以下几个方面。

## 一、温度

普洱茶放置的温度最好是常年保持在20～30℃之间，普洱茶的陈化过程是一个渐进的酶促反应，低于20℃，普洱茶固有酶的活性降低。但超过50℃，酶蛋白会出现变性，酶促反应基本停止，这都会减缓普洱茶的变化过程。同时，温度对普洱茶陈香香气的形成有影响。鲍晓华的研究表明，普洱茶香气在低温下陈香明显，高温下陈香减退，太高的温度会使茶叶氧化加速，有效物质减少，影响普洱茶的品质。

## 二、相对湿度

贮藏室相对湿度应控制在65%左右，湿度增加可以促进微生物繁殖，但湿度超过70%后，空气湿度会将茶叶释放的香味大量吸收，加速普洱茶香味释放。而超过80%后，茶品霉菌快速生长，容易让普洱茶有劣变与熟化现象产生，会出现辛辣的香气和滋味，汤色会出现浑浊现象。

## 三、其他贮存条件的要求

茶叶容易吸收杂气杂味，所以普洱茶存储要求不能有异味，一般要有专门的贮藏室。光照会分解茶的有效成分，紫外线会直接影响酶的活性和引起光化作用，因此普洱茶要避光保存。贮藏环境的适度通风透气也是一个影响陈化的重要因素。首先，偶尔的通风可以将茶内的陈宿杂味吹散，其次透气的环境可以增加茶叶和氧气的接触程度，有利于茶叶中微生物的繁衍，从而加速普洱茶的变化过程。

总之，在普洱茶的后发酵或陈化过程中，湿度的控制至关重要，不论是高温高湿还是低温高湿，都容易使茶叶发生如下图（如图4−2）所示的霉变。而高温低湿和低温低湿都会导致茶叶陈化过程缓慢。在自然陈化的过程中，由于受到地域、气候条件变化的影响，适时采取一些辅助方法改善温湿度，如南方夏季可用除湿机降低湿度，北方冬季可用暖气和加湿来营造合适的存储环境，提高普洱茶陈化的品质。

图4–2　霉变的普洱茶

# 第三节

## 普洱茶的品鉴方法

### 一、普洱茶冲泡技艺

泡茶是指用开水将茶的内涵物质浸出的过程。我国自古以来就很讲究茶的冲泡技术，累积了丰富的经验。泡茶的过程需要讲究茶叶、茶具、用水、环境、茶者冲泡技艺等的协调，才能扬长避短，彰显茶性。

中国有六大茶类，每一类茶从用料到制作工艺都有着各自的特性。要彰显每个茶的最佳状态，那么所要采用的冲泡方法也不尽相同。普洱茶属黑茶类，但普洱茶因制作工艺的不同，分为晒青茶与熟茶；从形态上又有饼茶、砖茶、沱茶、散茶、千两茶等之分；从用料上也有不同等级、不同季节、不同区域等特点；还有新茶、中老期茶、存放区域不同等等很多的要素，造就了普洱茶多姿的个性。所以，在本节中根据普洱茶不同的特性，详细介绍不同的冲泡技巧。

#### （一）品茗环境

**1. 品茗环境设置要求**

泡茶品茶是交际、放松、享受、思考的过程与媒介，对于品茗的环境有严格要求，如果人们在有过于嘈杂的声音或杂乱不整洁的场所，对于品茶的心境有很大的影响，不仅无法用心去体味茶之美，还反而糟蹋了茶。所以，品茗环境的设置是泡茶品茶的必要前提。

图4-3　品茗环境

品茗环境并不要求奢华、富丽堂皇，反之，需要的是整洁、安静、高雅即可（如图4-3）。在这样的环境下，才能静下心来，品味茶之韵，感悟茶道的精髓。

**2. 品茗人文环境要求**



品茶的环境除了硬件设施的要求外，人文环境也要与其相得益彰。首先，茶者着装打扮要素雅简洁，不可佩戴过多的装饰品或涂

图4-4　茶者礼仪之美

抹香气高扬的化妆品，不化浓妆，否则会喧宾夺主，甚至与品茶空间不相宜。其次，茶者举止要优雅，坐姿、站姿、行姿等要讲究仪态之美（如图4-4）。其三，茶者用语要规范，不能使用不雅的语句。讲话要注意音量与语调，尽量不大声喧哗，以免影响茶室的雅致氛围。



### （二）普洱茶冲泡器具

#### 1. 茶具介绍

茶壶：用来泡茶的主器具。主要以陶土、瓷质、玻璃、金属材质为主（如图4-5）。

图4-5 茶壶

盖碗：又称“三才杯”，盖为天、托为地、碗为人，暗含天地人和之意。以前主要是品花茶、八宝茶的器具，但现逐渐演变成为泡茶的主要器具（如图4-6）。

公道杯：均匀茶汤，分茶的用具（如图4-7）。

图4-6 盖碗

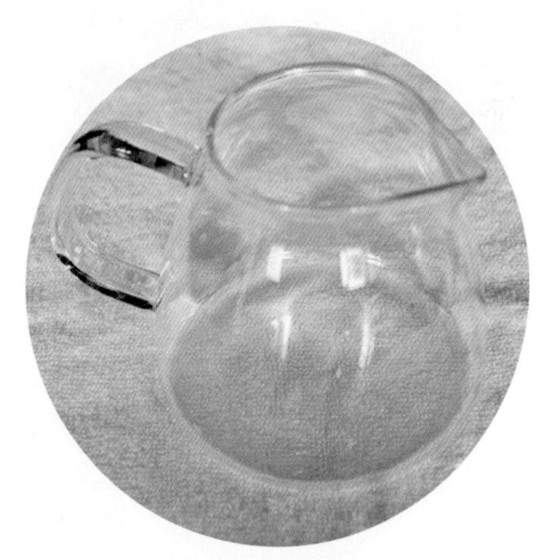
图4-7 公道杯

滤网：过滤茶渣的用具（如图4-8）。

品茗杯：品茗用的小杯（如图4-9）。

杯托：承载品茗杯的器具（如图4-9）。

茶巾：用于擦干壶底、杯底、茶台等的剩余之水（如图4-10）。

茶道六君子（茶道组合）：茶则、茶匙、茶针、茶漏、茶夹、茶桶（如图4-11）。

茶荷：盛放干茶，赏茶之用（如图4-12）。

图4-8　滤网

图4-9　品茗杯和杯托



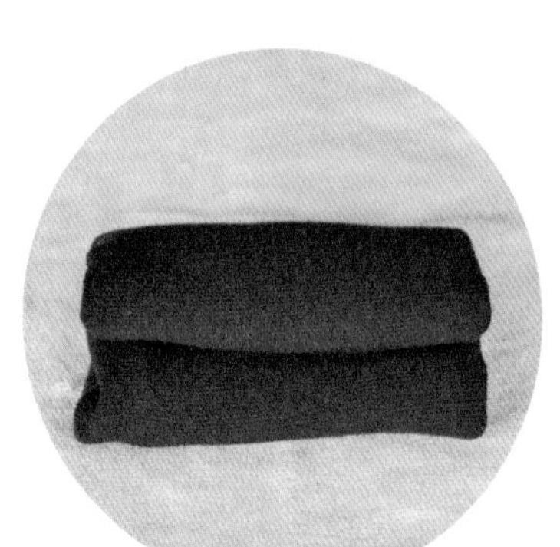

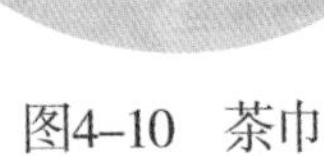

图4-10　茶巾

图4-12　茶荷

图4-11　茶道组合

图4-13 烧水具

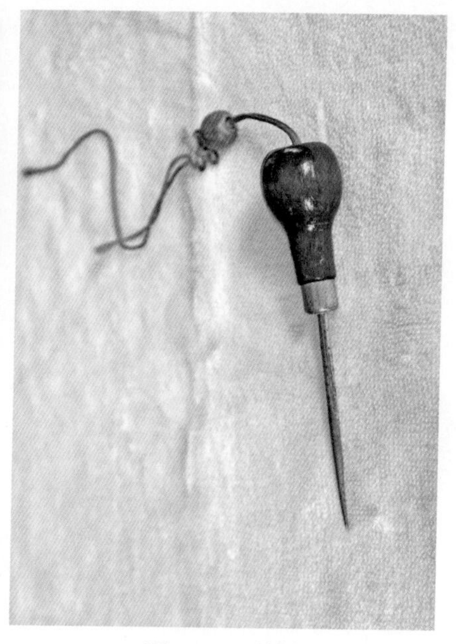

图4-14 茶针



烧水具：煮水用具。现常用的有随手泡或铁壶、铜壶、陶壶等配合电磁炉、酒精灯等使用（如图4-13）。

茶刀（茶针）：用于撬取紧压茶的工具（如图4-14）。

解茶盘：撬茶时，将紧压茶放置于解茶盘中，一方面可以让撬好的茶叶集于其中，不会散落四处；另一方面也可保护桌面不受茶针的损伤（如图4-15）。

图4-15 解茶盘

壶承：放置于茶壶下方，为容纳水功能的器具。干泡法时常用器具（如图4-16）。

茶洗或水洗：用于盛废水的容器。干泡法时常用器具（如图4-17）。

图4-16　壶承

图4-17　茶洗



**2. 茶具的选择**

茶具的种类繁多，分类标准不一，在泡不同茶叶时，选择不同材质的器具，所呈现出的香气、滋味也有很大差别，下面主要按不同材质器具的特点来分别介绍。

（1）陶土茶具

陶器中首推的应属宜兴紫砂茶具，紫砂茶具特指宜兴蜀山镇所用的紫砂泥坯烧制后所制而成。紫砂壶和一般陶器不同，其里外都不施釉，采用当地的紫泥、红泥、团山泥，用手工拍打成形后焙烧而成。紫砂壶的烧制温度在1100～1200℃之间，属高温烧成。

紫砂壶具始于宋代，至明清时期达到鼎盛，并流传至今。紫砂壶是集诗词、绘画、雕刻、手工制造为一体的陶土工艺品，造型美观，风格多样，不仅具有极高的收藏价值，还是泡茶贮茶的佳具，有“泡茶不走味，贮茶不变色，盛暑不易馊”的美名。

紫砂器具的优点：

① 紫砂泥质是双重气孔结构，气孔微小，并且密度很高。紫砂壶泡茶既不夺茶的香气，又不会造成茶水有熟汤的味道。

② 紫砂的透气性极佳，用紫砂罐储存普洱茶，不仅透气性好，而且避光、阴凉、不潮湿，对普洱茶的后期转化非常有利。

③ 紫砂壶能很好地吸取茶味。紫砂壶经过久用之后，其内壁会堆积茶垢，经过长年养护的紫砂壶，在空壶中注入沸水，也会闻到茶的香气。

④ 紫砂壶极冷极热性能好，不会因温度突变而胀裂。紫砂泥属砂质陶土，传热慢，不易烫手，还可在火上进行加温。并且紫砂壶的保温时间较长，用来泡中老期茶是再好不过的佳具了。

（2）瓷质茶具

瓷器是中国文明的一种象征，瓷器茶具又可分为白瓷茶具、青瓷茶具、黑瓷茶具、彩瓷茶具等。

瓷器由于有一定的吸水率，且导热系数中等，并且泡茶时在水流的冲击下，可让茶叶和杯壁产生碰撞，能很好地激发出茶叶的芳香物质，所以用瓷器泡茶时茶的香气会比较明显且持久一些。且瓷器的导热没有紫砂那么慢，故瓷器内温度也没有紫砂高，所以用瓷质的茶具来冲泡较细嫩的茶叶，不仅不会有熟汤感，还可以很好地彰显茶叶的清香。用瓷质的品茗杯来品茶时，不仅不易烫口，还能很好地欣赏茶汤汤色之美。

（3）玻璃茶具

在中国古代，玻璃被称为“琉璃”，我国的琉璃制作技术虽起步较早，但直到唐代，随着中外文化交流的增多，西方琉璃器具的不断传入，我国才开始烧制琉璃茶具。

玻璃茶具导热性能好，并且质地透明，一般在泡细嫩的绿茶时用得比较广泛，不仅可以很好地观赏茶叶在水中舒展的姿态，还可以很直观地欣赏到茶汤。由于普洱茶属紧压茶，冲泡时要求较高的水温，所以不建议使用玻璃壶进行冲泡。但可以选用玻璃材质的滤网和品茗杯，因为玻璃材质不具有吸水率，不会影响茶味。使用玻璃品茗杯还可以很好地欣赏茶汤色泽，也能快速降低茶汤温度，不易烫口。

### 3. 茶具选用效果对比

各类茶具选用的效果用表4−1来详细说明。

**表4-1 茶具选用效果对比表**

| 茶　具（按材质分） | 导热性 | 吸附性（吸水、吸味性） | 茶汤香气 | 茶汤口感 | 易泡的普洱茶类 | 不易泡的普洱茶类 |
|---|---|---|---|---|---|---|
| 紫砂茶具 | 低 | 高 | 一般 | 很饱满 | 茶菁粗壮、粗老的晒青茶；除等级为1～3级的熟茶；5年以上的中老期生、熟茶 | 茶菁等级较高，细嫩的生、熟茶 |
| 瓷质茶具 | 中 | 中 | 较好 | 较饱满 | 大部分普洱茶类都可选用 | 5年以上的中老期生、熟茶 |
| 玻璃茶具 | 高 | 低 | 略差 | 一般 | 茶菁等级特高，细嫩的新茶或散茶 | 大部分普洱茶冲泡尽量不选用玻璃壶或盖碗 |

## （三）普洱茶解茶方法

### 1. 紧压茶的撬茶方法（如图4-18）

（1）将要撬取的紧压茶放置于解茶盘中。

（2）打开包装纸，将茶饼底部有凹心的一面朝上。

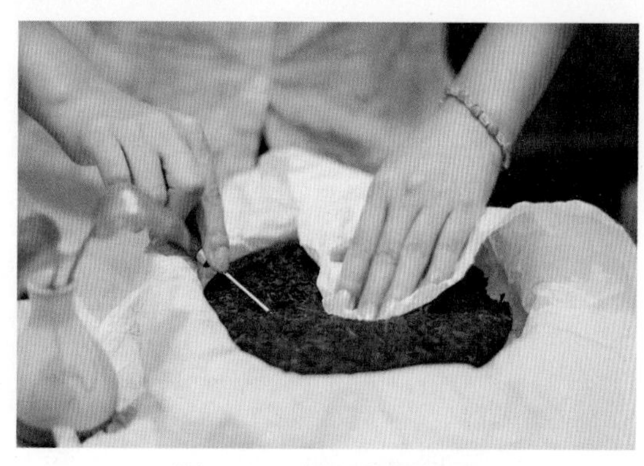

图4-18 紧压茶的解压

（3）用包装纸遮盖住茶饼至一半的位置，避免手直接接触茶叶，左手扶按住凹心后边缘，右手持茶针，左右手要保持平行线，茶针不可与左手相对，更不能朝向自己。

（4）从茶饼中间凹心处向前方向插入茶针，用巧劲撬下茶块。

### 2. 注意事项

在撬茶的过程中要注意，不要用手直接接触茶饼，避免手上的细菌等杂物粘到茶叶上。

持茶针的手方向和扶茶饼的手方向要一致，保持平行，不可相向而对，以避免茶针戳伤。

由于普洱茶在压制时，一饼茶会分为撒面、盖茶、心茶几层，每层用料不一，只有部分茶压制时是会从内而外都用相同的料。所以在取茶时，若只撬取了一个单层的茶叶，那在品茗时就无法充分感受这饼茶的综合风味了。

在解茶时要注意取茶的整碎度，如果茶块撬得过大，不宜浸泡出滋味；如解茶解得太碎，内含物浸出太快，也会影响茶汤滋味。

## （四）泡茶用水

### 1. 择水

“茶性必发于水。八分之茶，遇水十分，茶亦十分茶；八分之水，试茶十分，茶只八分耳。”《梅花草堂笔谈》中这样记载着水与茶的关系。还有陆羽的《茶经·五之煮》中也对泡茶用水做了详细的研究与记载：“其水用山水上、江水中、井水下。”可见，水为茶之母，水能载茶，亦能覆茶。水质直接影响茶质，泡茶水质的好坏会影响到茶的色、香、味的优劣。

（1）鉴水五要素



清——水质洁净透彻；

活——有源头而常年流动的水，在活水中细菌不易大量繁殖；

轻——分量轻，比重较轻的水中所溶解的钙、镁、铁等矿物质较少；

甘——水含在口中让人有甜美感觉，不能有咸味或苦味；

冽——水在口使人有清凉感。

（2）茶汤与水的酸碱度关系

汤色对pH值的高低很敏感，当pH小于5时，对汤色影响较小；如超过5，总的色泽就相应地加深；当pH达到7时，茶黄素倾向于自动氧化而损失，茶红素则由于自动氧化而使汤色发暗，以致失去汤味的新鲜度。

因此，泡茶用水的pH值不宜超过7，宜用中性水或弱酸性水，否则将降低茶汤的品质。

（3）茶汤与软硬水的关系

泡茶用水，通常分软水和硬水两种。1公升水中钙、镁离子含量低于8毫克的为软水，超过8毫克的称为硬水。

用硬水泡茶，会影响茶汤滋味，不仅口感平淡，香气也不高。所以宜用软水泡茶。

**2. 煮水**

普洱茶需要用沸水来进行冲泡才能使茶叶充分舒展，香气、滋味得到最好的呈现。虽然当下也出现了冷泡法，即茶叶用冷水经过十多个小时的浸泡泡出滋味的方法，但这种方法还比较少见，而且也不适用于紧压的普洱茶类，所以在冲泡普洱茶之前要学会煮水的方法。

对于煮水的讲究，早在古代就有记载。陆羽的《茶经·五之煮》中指出："其沸，如鱼目，微有声，为一沸；缘边如涌泉连珠，为二沸；腾波鼓浪，为三沸。已上水老不可食也。"。明许次纾《茶疏》中也进一步提道："水，入铫，做须急煮，候有松声，即去盖，以消息其老嫩，蟹眼之后，水有微涛，是为当时，大涛鼎沸，旋至无声，是为适时，过则汤老而香散，决不堪用。"

除了文献的记载，现代科学也对此有研究。煮水过程中水中的矿物质离子会产生变化。水中的钙、镁离子在煮沸过程中会沉淀，煮水时间过短，钙、镁离子尚未沉淀完全，会影响茶汤滋味。久沸的"老水"，水中含有微量的硝酸盐在高温下会被还原成亚硝酸盐，这样的水不利于泡茶，更不利于人体健康。

**3. 水温**

泡茶的水温高低是影响茶叶水溶性内含物浸出和香气挥发的重要因素。根据不同茶叶特性，要掌握不同的泡茶水温。普洱茶冲泡的水温一般在90～100℃，如若沸点为100℃，这里所指的沸点以下的温度是在水煮沸后，通过置凉或人为使其变凉，达到的所需温度，而不是将未煮沸的水就直接用来进行冲泡。

由于普洱茶用料级别不同，年份不同，形制不同，所以在冲泡时对水温的要求也各不相同。若水温掌握不当，则滋味也会受到很大的影响。例如，冲泡老茶时用较低的水温，则茶中的物质不能够被充分浸出，香气和茶汤饱满度都得不到充分展现；若用太高温度的水来冲泡用料级别较高的茶，则不仅会影响茶的鲜爽度，造成苦涩味过度，甚至还会出现茶叶闷熟的滋味。

所以在冲泡前，要充分掌握茶品的特性，调节泡茶水温。一般而言，冲泡时，紧压状普洱茶要比散状普洱茶用水温度高；用料等级低的普洱茶要比用料等级高的用水温度高；年份久的普洱茶要比年份短的用水温度高；用料、形制、年份等统一的条件下，普洱熟茶要比普洱晒青茶的用水温度略高。



**4. 注水**

在冲泡茶叶时，注水的技巧也会直接影响到茶汤的质量。在注水时，首先要求水流要平稳，不能过缓过急；其次，水流不能直接冲淋到茶身，要沿壶壁缓缓注入。

普洱茶因为形制是紧压的特殊性，有醒茶的步骤，在醒茶时，注水水流可均匀稍快，让茶块可以稍微翻腾，与水充分接触，唤醒茶性；当泡到3～4泡之后，这时的茶叶已充分舒展开来，注水要匀缓，让茶叶内涵物质自然浸出，若这时水流过快，不仅会使汤色变浑，还影响茶汤滋味；当茶叶泡至味寡淡时，可以采用高温急速注水的方式，提高叶底温度，加快内含物的浸出。

还需要注意的是，当泡散茶或较碎的茶时，由于茶叶内含物浸出会较快，无论醒茶还是正式冲泡，都要保持匀缓的水流，避免让茶叶在壶内产生较大的回旋转动，若水流过急，会让茶汤变得浑浊，还会让茶汤滋味难以掌控。

### （五）茶水比与冲泡频次

茶水比指的是泡茶用水与茶叶的比例。根据场合、人数的不同，器具规格、冲泡茶叶的不同选择，茶水比也稍有不同。表4-2根据不同普洱茶的不同特性，来掌握茶水比与冲泡频次的区别。

**表4-2　各类普洱茶冲泡的茶水比**

| 普洱茶叶类型 | 器具 | 容量 | 投茶量 | 冲泡频次 |
|---|---|---|---|---|
| 茶菁细嫩的紧压茶 | 盖碗 | 150毫升 | 6~7克 | 12~13泡 |
| 茶菁粗壮的紧压茶 | 盖碗或紫砂壶 | 150毫升 | 7~8克 | 14~15泡 |
| 茶菁粗老的紧压茶 | 紫砂壶 | 150毫升 | 7~8克 | 14~15泡 |
| 散茶或细碎茶叶 | 盖碗 | 150毫升 | 6~7克 | 10~12泡 |
| 5年~10年中期茶 | 紫砂壶 | 150毫升 | 8~10克 | 15~20泡 |
| 10年以上老茶 | 紫砂壶 | 150毫升 | 10克以上 | 20泡以上 |

表4-2所标示数据仅为建议茶水比与冲泡频次，根据人数不同、茶具容量不同、茶叶特性的区别，也可在此基础上稍作增减。在冲泡普洱熟茶与普洱晒青茶时，如两者形制、年份、整碎度、用料级别等相同的情况下，普洱熟茶的投茶量应比普洱晒青茶多投1~2克，这样泡出的茶汤滋味会更加饱满丰富。

### （六）行茶礼仪

行茶礼仪指的是在茶事活动过程中，茶者应遵循的礼仪规范。

（1）参与茶事活动者应专注泡茶，用心品茶。

（2）茶室、茶席、器具等应提前做好清洁准备工作。

（3）行茶动作应轻舒，避免发出较大的器具之间碰撞声。

（4）煮水时，壶嘴不朝向宾客或自己，应朝向无人的方向，防止沸水溅出烫伤。

（5）茶针、紫砂壶嘴、公道杯口等，尖的一面不应朝向宾客或自己，应指向无人的方向。

（6）回旋注水时，右手注水应按逆时针方向，有招手示意欢迎之意；如右手顺时针方向注水，手势似挥手有不欢迎之意。

（7）出汤之前，应先持盖碗或壶在茶巾上吸干底部多余之水后，再移至公道杯出汤，防止壶底部的不洁净水滴入茶汤中。

（8）拿滤网、品茗杯时，注意手指不要触摸到品杯口或滤网内面，手指应拿住外部边缘1厘米以下位置或用茶夹夹取，以防止手指的细菌杂物混入茶汤。

（9）分茶时，宜注七分满，不宜满杯。还需注意每位宾客分到茶汤量要均衡。



（10）奉茶的顺序遵循先长后幼、先主后从、女士优先等传统顺序。若无特殊主次之分，可从右至左顺序逐一奉茶（如图4-19和图4-20）。

图4-19　行茶礼仪

图4-20　行茶礼仪

## 二、品鉴普洱茶的要素

普洱茶愈久愈醇，愈久愈香，故普洱茶又被誉为“有生命的古董”。余秋雨先生曾在《普洱茶品鉴》一文中这样描述普洱茶，“一团黑乎乎的粗枝大叶，横七竖八地压成了一个饼形，放到鼻子底下闻一闻，也没有明显的清香。扣下来一撮泡在开水里，有浅棕色漾出，喝一口，却有一种陈旧的味道”。“香飘千里外，味酽一杯中”便是普洱茶的真实写照，小小的一片叶子，竟如此神奇。让我们一起融入这片小小的叶子之中，一步步走近普洱茶，学会认识、品鉴普洱茶。

近百年来，普洱茶深受广大消费者青睐，皆因茶质优良。同时普洱茶的独特风味，还与其自然陈化的过程有关，转熟后的普洱茶，经过特殊的加工程序，压裂成大小不同、形状各异的茶团，置于干燥处自然阴干。再按运输要求，包装入篓，运往外地。历史上，云南地处祖国边疆，产茶区地处云南边陲，山高水险，在古代交通极为艰难，茶叶的外运全靠马帮牛帮，山路上耽搁的时间很长，有的路段马帮一年只能走两趟，牛帮则一年只能走一转，茶在马背、牛背上长时间颠簸，日晒风吹雨淋，使其内含物质徐徐转化，导致普洱茶的独特泽更明、陈香风味更浓。普洱茶性较中和、正气，较适合港人的肠胃，大多数人嗜饮，港九茶叶行商会董事长游育德先生把港人喜欢饮用普洱茶的原因概括为“五点”（十个字）：一是够浓，二是耐冲，三是性温，四是保健，五是价廉。

鉴别普洱茶，首先要明了其产地。普洱茶的原料为符合普洱茶产地环境条件的云南大叶种晒青茶，尤其以本书中详细介绍的名山所产之茶为优。有了好的原料，再经过好的加工，这样的结合便会诞生好的普洱茶叶。品鉴普洱茶的要素，可以从“色、香、味、形”四个方面来看。

### （一）观色

品鉴普洱茶的第一步是观色，即一看茶色：不同种类的茶是以不同的形态呈现的，茶叶的直观印象是看芽叶嫩度、茶体颜色、压制松紧程度和饼形是否周正，茶体是否脱落等。不同茶的色泽、质地、匀奇度、紧结度、显毫状况也不相同；二看汤色：茶叶冲泡后，根据茶汤色泽的鲜亮度与透析度也可分辨茶的品质与品种；三看叶底：观看茶叶经过冲泡后，叶片的细嫩、匀齐以及完整程度，还要看其有无花朵和是否存有焦斑、红筋、红梗等现象。在购买普洱茶的时候不要简单地看包装、听宣传，更不要因为一些很会忽悠的卖茶人所说的而先入为主。



#### 1. 看茶色

看茶色（即肉眼识茶），指的是看茶饼或干毛茶的色泽。好的普洱熟茶外形色泽褐红（称猪肝色），条索肥嫩、紧结。普洱茶从外形上分散茶和紧压茶。普洱散茶以嫩度划分级别，十级到一级、特级嫩度越来越高（如图4−21、图4−22和图4−23）。

图4–21　二级普洱散茶

云南普洱茶主要是不同等级的茶叶拼配而成的，衡量外形主要看四点：一看芽头多少，芽头多，毫显，嫩度高；二看条索紧

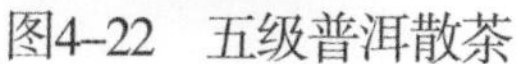
图4–22　五级普洱散茶

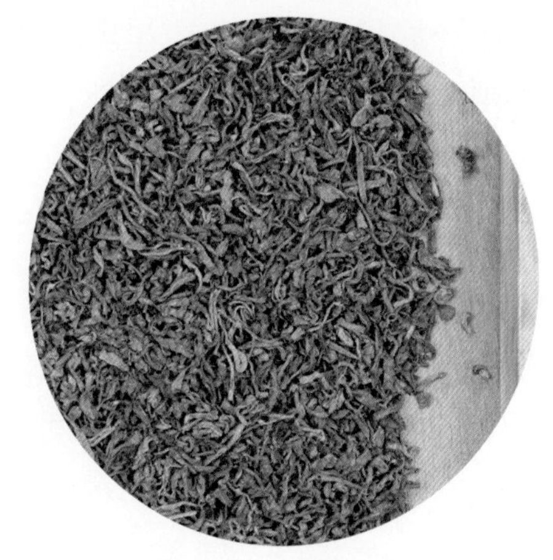
图4–23　八级普洱散茶

结、厚实程度，紧结、厚实的嫩度好；三是色泽光润程度，色泽光滑、润泽的嫩度好；四是看净度，匀净、梗少无杂质者为好，反之则差。普洱紧压茶以散茶为原料，经蒸压成型的各种茶，花色品种众多，根据形状的不同有圆饼形的七子饼茶、有砖形的普洱砖茶、有碗臼形的普洱沱茶等等，各式各样大到几千克，小到几克，花色品种有上百种之多。鉴别普洱紧压茶的质量除内质特征与普洱散茶相同外，外形主要有如下要求：形状匀整端正；棱角整齐，不缺边少角；模纹清晰；撒面均匀，包心不外露；厚薄一致，松紧适度；色泽以黑褐、棕褐、褐红色为正常。以生饼为例，一般3～5年，茶饼紧结，圆边完整，茶梗泛淡紫色；5～7年，茶饼完整，茶梗偏紫；7～10年，茶饼变轻，边缘掉粒，茶梗深紫；10年以上，茶饼变松，叶际边缘模糊。

鉴定普洱茶叶色泽是否正常，也是观色时需要注意的。普洱茶叶色泽正常是指具备该茶类应有的色泽，如普洱晒青茶应黄绿、深绿、墨绿或青绿等等；普洱熟茶外形色泽褐红乌润、乌棕或棕褐等等。如果晒青茶色泽显乌褐或暗褐，则品质肯定不正常；同样，熟茶色泽如果泛暗绿色或呈现出花青色，品质也不正常。该条为评鉴普洱茶茶叶色泽的首要条件，其次看色泽的鲜沉、润枯、匀杂。生熟茶类评比色泽时注重色泽的新鲜度，即色泽光润有活力，同时看整盘茶是否匀齐一致，色泽调和，有没有其他颜色夹杂在一起。观茶色还包括看有没有霉梗、叶。晒青散茶的色泽逢双取样，特级油润芽毫特别多，二级油润显毫，四级黑绿润泽，六级深绿，八级黄绿，十级黄褐。随着存放时间的推移，茶色会逐渐向暗绿、黄红、褐红方向转变。而熟普洱的茶色以褐红且均匀油润者为好，色泽黑暗或花杂有霉斑者较差。

**2. 看汤色**

看汤色（即开汤鉴茶），汤色也是制作工艺和茶的存放时间、存放条件状况的体现之一。普洱熟茶汤色要求红浓明亮（如图4-24）。汤色红浓剔透是高品质普洱熟茶的汤色，黄、橙色过浅或

图4-24　普洱熟茶汤色

深暗发黑为不正常，汤色浑浊不清属品质劣变。当年的普洱晒青茶正常投茶量泡十多秒钟后汤色是黄绿色的（如图4-25），泡一分钟后汤色会变成金黄。存放一定年份的普洱晒青茶，其正常汤色变化应该是5年左右汤色绿色向黄绿转变，5～10年黄绿向金黄转变，10年后金黄向黄红转变。如果一款茶才有5～6年汤色就发生很大转变，不到10年就栗红，就要怀疑是否经过轻度发酵或是进过湿仓。

图4-25　晒青茶的汤色

鉴赏普洱茶的汤色时，最好选用晶莹剔透的无色玻璃杯（如鸡尾酒杯），向杯中斟入1/3杯的茶汤后，举杯齐眉，朝向光亮处，杯口向内倾斜45°，这样可以最精准地观察茶汤的色泽。鉴赏汤色的深浅、明暗时，应经常交换茶杯的位置，以免光线强弱不同而影响汤色明亮度的辨别。

**3. 看叶底**

看叶底，开汤后看冲泡后的叶底（茶渣），主要看柔软度、色泽、匀度（如图4-26、图4-27和图4-28）。正常的普洱茶叶底色泽一致，不软烂，无杂色，晒青茶茶底10年内黄绿向金黄转变，

图4–26　普洱熟茶的开汤叶底

图4–27　晒青茶的开汤叶底

图4–28　陈茶的开汤叶底

10年后金黄向黄栗转变。而熟茶的叶底随着年份的增加，颜色逐渐变黑褐。叶质柔软、肥嫩、有弹性的好，而叶底硬、无弹性的则品质不好；色泽褐红、均匀一致的好，而色泽花杂不匀，或发黑、炭化，或腐烂如泥，叶张不开展的则属品质不好的。

关于看普洱茶的叶底，可从以下两方面来品鉴：一是靠闻觉辨别香气，二是靠眼睛判别底的老嫩、匀整度、色泽和开展与否，同时还观察有无其他杂物掺入。好的叶底应具备亮、嫩、厚、稍卷等几个或全部因子。普洱晒青茶叶底呈黄绿色或黄色，叶条质地饱满柔软，充满鲜活感。也有些晒青茶在制作工序中，譬如茶菁揉捻后，没有立即干燥，延误了很长时间，叶底也会呈深褐色，汤色也会比较浓而暗，接近于轻度发酵渥堆过的熟茶。普洱熟茶的叶底多半呈暗栗色或黑色，叶条质地干瘦老硬。但是，有些熟茶若渥堆时间短，发酵程度轻，叶底也会非常接近晒青茶叶底。单从叶底不能一概而论是晒青茶还是熟茶，要结合其他方面对其进行进一步的分辨。此外，在赏鉴叶底嫩度时，要防止两种错觉：一是易把茶叶肥壮、节间长的某些品种特性误认为粗老条；二是湿仓茶茶色暗，叶底不开展，与同等嫩度的干仓茶比较，会被认为老茶。

### （二）闻香

香气是茶叶的灵魂，香气是普洱茶永恒的魅力。有一首赞美普洱茶的诗曰："滇南佛国产奇茗，香孕禅意可洗心"。普洱茶的香气颇为丰富，普洱晒青茶香气是高雅幽远的，而普洱熟茶的香气是陈香显著且含蓄多变的。优质普洱茶的香型主要有烟香、蜜香、花香、清香、荷香、木香、樟香、兰香、枣香、陈香等。辨别茶叶的香气，靠闻觉来完成。通过浸泡茶叶，使其内含的芳香物质得到挥发，刺激鼻腔闻觉神经进行区分，习惯上称为闻香。由于茶的生态环境、树龄、纬度、海拔、土壤成分的差异，茶叶积累的物质也有差别，分解时释放的香味香型、强弱也有区别。

台湾普洱茶专家邓时海曾经归纳出普洱茶香气有“樟香”“荷香”“兰香”“青香”四大类。这些茶香，都必须是经过加工和贮存过程，才能保留下来的，尤其兰香和樟香，必须是云南省老茶园乔木茶树与樟树混生才具有。而目前矮化灌木的新茶园，所生产的普洱茶香，就只有荷香和青香了。

樟香：云南各地有许多高大的樟树林，这些樟树多数高达数米，大樟树底下的空间最适合茶树的种植生长，大樟树可以提供茶树遮阴的机会，茶树在樟树环境下可以减少病虫害的发生，如在樟树枝叶上生有许多小蜘蛛，会垂丝下来，吃掉茶树上的小绿叶虫等病虫。茶树的根与樟树根在地底下交错生长，樟树枝叶也会散发出樟香，茶树直接吸收了樟香贮存在叶片之中，于是普洱茶便有了独特的樟香。



荷香：“毛尖即雨前所采者，不作团，味淡香如荷，新色嫩绿可爱。芽茶较毛尖稍壮……女儿茶亦芽茶之类”。“不作团”指的是不做成型的散茶；“味淡香如荷”，描述了雨前毛尖非常幼嫩，茶汤很清淡，有莲荷香气；“芽茶较茶尖稍壮，女儿茶亦芽茶之类”以目前普洱茶等级分类，芽茶亦女儿茶为一级茶菁，但新鲜的一级幼嫩普洱芽茶，是品不到荷香的，取而代之的是强烈青叶香气，经过适当的陈化后发酵，幼嫩的芽茶去掉浓烈青叶香，自然而留下淡淡荷香。目前市面可买到的有“白针金莲”普洱散茶，就是有清淡荷香的。荷香属于飘荡茶香，从刚打开的密封的荷香普洱茶叶中，可以闻到一股荷香轻飘。荷香是来自幼嫩的普洱茶菁，一般为散茶后期醇化或幼嫩毛茶经人工渥堆发酵所致，荷香属于飘荡茶香，轻飘，清雅娓娓。冲泡之前在赏茶时，可以从茶叶闻到淡淡荷香，冲泡工夫可直接影响普洱茶的荷香，宜用清新的好水冲泡，较软性水质最理想，冲水时水温应沸热，以快冲速倒方式比较适宜。茶汤喝入口腔中，稍停留片刻，将喉头前的上颚空开，一股荷香经由上颚进入鼻腔中，在闻觉感应下，散发淡然荷香，清雅娓娓，在叙说着普洱茶中浪漫情韵，激起了美之感性。

兰香：是出现在“少年”过渡到“中年”的“青年”期，所以兰香兼具了荷香及樟香之美，而且也比较有含蓄性，一般未经泡开的干茶叶不容易闻到兰香。诗句“香于九畹芳兰气，圆如三秋皓月轮”是描述普洱茶兰香最美的诗句。“圆如三秋皓月轮”，指的是像秋天圆大而美好的月亮般的普洱圆茶；“香于九畹芳兰气”，一畹等于三十亩，九畹是比喻广大而多，芳兰是指有香气的兰花。这一句的意义是形容比浓郁的兰花香更奇美。一般来说，条索较细长，色泽比较墨绿，叶底可明显看出是比较细嫩的茶菁，经长期醇化后，兰香较为浑厚，比较其粗老的茶菁加工而成的茶品醇化后的兰香更为清纯。

清香：在普洱茶中亦是最为常见、典型的茶体香，即通常所说的茶香。幼嫩的茶芽做成的茶品清香最为明显，香气不像花果香、蜜香等有独特的定位，而是展现香气清雅、原汁原味的感觉。清香型普洱茶主要看其原料和生产季节，一般来说，春茶和幼嫩茶清香更为明显，如大益春早清香非常突出。

除了以上香气外，普洱茶的茶香经归纳总结还有蜜香、花果香、甜香、枣香、烟香、木香、陈香。下面逐一介绍：

烟香：烟香主要来自晒青原料加工过程中。农户沿袭当地流传下来的传统加工工艺，将晒制一定程度的原料挂在厨房顶上，通过厨房烧火的余温进行晾干的过程而产生烟香。烟香与小种红茶松烟香完成不同，与烟草香亦不同。具有烟香的原料地域较广，但特色明显。澜沧、临翔、凤庆等地原料中多含有烟香。带有烟香的茶品，滋味浓厚，但烟香突出，掩盖其他很多滋味。

枣香：枣香主要有青枣香与红枣香。青枣香属于花果香类别，一般在晒青茶中某些区域茶品中含有，区分较为明显。红枣香则为熟茶中含有，甜而带有红枣气味。一般而言，红枣香茶为适度发酵所致，新发酵出半成品较为清淡，但细品还是能闻出，产品经过后期陈化之后，红枣香将逐渐凸显出来。

蜜香：普洱茶之蜜香主要有3种：花蜜香、果蜜香、蜂蜜香。

其中的花蜜香似花粉蜜，甜而刺激，花香中透露阵阵甜蜜。带有花蜜香的茶品一般经过一定的陈化后逐渐显露，如易武茶，后期陈化花蜜香更为显著。果蜜香甜而高雅，为普洱茶典型原香。勐宋那卡茶、景迈茶更为突出。蜂蜜香如蜂蜜散发出香味，一般在熟茶中更为明显，主要由熟茶发酵所致。有些陈化期较长的茶品中含有，特别陈化较长的熟茶中更为明显。通过闻品茗杯更为显著，有“挂杯香”之说法。



花果香：普洱茶中常见的花果香有玫瑰花香、稻谷花香、兰花香、桂花香、梅子香、板栗香等等，还有许多不知名而又特别突出的野花香型。普洱茶之花果香类型非常广泛，且因不同区域环境及初制工艺，花香型亦不同。很多地域有典型的地域香，如班章老曼娥茶稻谷花香，布朗山、巴达山茶呈典型的梅子香，南糯山茶呈高雅的糯米香，景谷大白茶、格朗和茶呈玫瑰香，凤庆茶有典型的兰花型红茶原香等。

甜香：甜香主要有两种：一种为糖香，似焦糖或红糖香，透露出甜味；另外一种无糖的气息，纯粹为甜的气息。甜香主要为熟茶的香型，在发酵过程中，因为大量的纤维素降解后形成的茶多糖、低聚糖及单糖所呈现的味道。而因发酵成熟偏重，有焦糖之香。在熟茶品鉴过程中，甜香之意范围稍广，若能将甜香再进行细分，细细品来，产品甜香型便不同，亦可作为区分茶品的方法。

木香：茶品中的木香来自橙花叔醇等一倍半萜烯类、4-乙烯基苯酚，主要由于茶品木质素的降解而产生的气味，似“烂木头味”，但韵味清幽、高雅而轻飘上扬。普洱茶中的木香主要来自于梗的陈化，一般带梗较多的茶品后期陈化较为突出，早期红印、绿印等产品木香特显。普洱茶品鉴中注意木香与陈香的区分，木香能够直观感受，特别在梗多的茶品中更为突出，而陈香，只有在有一定陈化时间的茶品中才能够明确感应。

陈香：品味陈香是普洱茶的至高境界与享受，每个喜爱普洱茶的茶友都知道普洱茶以陈为贵，越陈越香。陈香展现为时间的气息，历史的气息，感觉似老酒醇活之底蕴，轻淡而幽雅、低沉且缠绵，迷迭香绕，令茗者愉悦且沉醉。所以陈香是普洱茶随时间流逝而逐渐变化所散发出来的香气，闻时有让人迷醉的感觉。陈香在老茶中更为明显，气韵悠长，轻淡而缠绵，似有醉意。

“舒展皓齿有余味，更觉鹤心通杳冥。”繁华袭来，泡一杯普洱茶，把氤氲的意象泡开，闻着普洱茶香，可以让心远离尘嚣、心无旁骛。

在了解了普洱茶的4种主要类型的香型后，我们来谈谈品鉴普洱时的闻香技巧。

闻香气一般分为热闻、温闻和冷闻3个步骤，以仔细辨别香气的纯异、高低及持久程度。

**1. 热闻**

热闻是指对冲泡出的茶汤立即趁热闻香气，此时最易辨别有无异气，如陈气、霉气或其他异气。随着温度下降异气部分散发，同时闻觉对异气的敏感度也下降。因此，热闻时应主要辨别香气是否纯正。

由于浸泡后的茶叶在热作用下，其内含的香气物质能充分挥发出来，一些不良气味也能随热气挥发出来。所以，趁热闻叶底，最容易辨别出茶叶的香气类型。其方法是一只手拿住已倒出茶汤的茶杯（壶或盖碗），另一只手半揭开杯盖（壶盖或碗盖），靠近杯（壶、碗）沿用鼻轻闻或深闻，也可将整个鼻部深入杯内接近叶底以增加闻感。为了正确判别茶叶的香气类型、香气高低、香气持续时间的长短，闻时应重复一两次，但每次闻的时间不宜过久，因为人的闻觉容易疲劳，闻香过久，闻觉的敏感性下降，闻香就不准确了，一般是3秒左右。闻香的时候，每次都应将杯（壶、碗）内叶底抖动，使其翻个身。未辨清茶叶香气之前，杯（壶、碗）盖不得打开。所以，当滤出茶汤或看完汤色后，应立即闻闻香气。闻香气时一手托住杯底，一手微微揭开杯盖，鼻子靠近杯沿轻闻或深闻。



**2. 温闻**

温闻是指经过热闻及看完汤色后再来闻闻香气，此时评茶杯温度下降，手感略温热。温闻时香气不烫不凉，最易辨别香气的浓度、高低，应细细地闻，注意体会香气的浓淡高低。

**3. 冷闻**

冷闻即闻杯底香，是指经过温闻及尝完滋味后再来闻闻香气，此时评茶杯温度已降至室温，手感已凉，闻时应深深地闻，仔细辨别是否仍有余香。如果此时仍有余香是品质好的表现，即香气的持久程度好。

热闻、温闻、冷闻3个阶段相互结合才能准确鉴定出茶叶的香气特点，每个阶段辨别的重点不同（见表4−3）。

**表4-3　普洱茶香气辨别方法和技巧**

| 辨别方法 | 辨别的重点 | 注意事项 |
|---|---|---|
| 热闻 | 香气类型，香气高低，茶叶有无污染味 | 叶温65℃以上时，最易辨别茶叶是否有异味 |
| 温闻 | 主要辨别香气类型和茶香的优劣 | 在叶底温度55℃左右，最易辨别香气类型 |
| 冷闻 | 主要辨别茶叶香气的持久程度 | 叶温30℃以下时，辨别茶香余韵，高者为优 |

鉴赏普洱茶的香气是怡情悦志的一种精神享受。为了更好地闻香，宜选用较大的柱形瓷杯做公道杯。因为瓷质器皿的内壁比玻璃器皿更容易挂香，而且杯的内积大，可聚集更多的茶香，让茶香更饱满，更丰富，五味杂陈，可以更准确地鉴别茶香的优劣。

最后，饮尽杯中茶，再闻一闻杯底留香，借以判断香气的持久性和冷香的特征。好的普洱茶的香气纯正细腻，优雅协调，可令人心旷神怡，杯底留香明显而持久。所谓的杯底香，往往是茶人的最爱，他们喝茶后，不把杯子放下，而是在手中把玩，细细品味那残留在杯子底下的最后那丝丝香气。而杯底香中的以冷杯香最玄，冷杯香是汤冷了以后的香气。有人会问，茶冷了以后还有香气吗？不知道在你喝茶的时候注意了没，杯底香往往跟汤底香是紧密联系在一起的，这是表面香之外的香，藏在汤里，驻在水中，挂在杯上。有温度的时候，香会明显一些，没有温度的时候，香会收敛一些，但始终在发散，绵绵密密，若有似无。有时会觉得忽然强势张扬，但仔细去寻找，又无影无踪。

茶树根据树龄、生态环境等都会有不同强度、不同香型的杯底香，包括热香和冷香，习惯上称挂杯香。像老班章、景迈这些茶气强的古树茶，头三泡的杯底香突显而长久，若将饮头几泡的杯子不洗放在一边，冷香有时几个小时后还可闻到。但杯底香只是鉴别古树茶的方法之一，有些树龄数百年的古茶树，长于村边地角，虽树龄久，但杯底香往往会不够明显。

在普洱茶气味鉴别中，主要区别霉味与陈香味。有人说陈香味是霉味，这是错误的。霉味是一种变质的味道，使人不愉快，不能接受的一种气味。而陈香味是普洱茶在后发酵过程中，多种化学成分在微生物和酶的作用下，形成了一些新的物质，这些新的物质所产生的一种综合的香气，犹如老房子的感觉，是一种令人感到舒服的气味。如乌龙茶中的铁观音有“余韵”，武夷岩茶有“岩韵”一样，普洱茶所具有的是陈韵。陈韵是一种经过陈化后，所产生出来的韵味，只能体会不能言传，但能引起共鸣、领会，激起思古之幽情，引发历史之震撼。这是普洱茶香气的最高境界，普洱茶纯正的香气具有陈香味和以上所说的几类香气。有霉味、酸味、馊味和刺鼻的味道都为不正常，要谨慎饮之。



### （三）品味

古语云“味之有余谓韵”。韵味是茶汤中各种呈味物质比例均衡，入口爽快舒适，滋味厚重馥郁又具有层次变化，让人愉悦地感受到某种超越味道的感觉。这是普洱茶能带给人们的更深层次的享受。这种感觉或许能让人们在品茗过程中感受到某种美好的意境，而此意境既使心灵净化，又使人在超脱。

陈年普洱茶在陈化过程中的糖化作用，使得茶体转化出的单糖又氧化聚合成多糖，使得其汤入口回甜，久久不去，喉头因此润化，渴感自解。饮用陈年普洱茶能达到舌面生津的效果，茶汤经口腔吞咽后，口内唾液徐徐分泌，会感觉舌头上面非常湿润，这种感受比较独特。相反，质量不佳的普洱茶，茶汤入口会觉得喉头难受，产生干而燥的感觉，强烈者甚至影响吞咽。

口感，是味觉、闻觉、触觉对茶叶茶汤产生的各种刺激所形成的综合的主观感受。普洱茶的口感源于其水浸出物，而茶叶的本质是基础。通常普洱茶水浸出物为30%～50%，不同类别的物质的口感各有其特性。

**1. 茶多酚类的口感**

显现口感的主要是茶单宁，也称单宁酸、鞣酸，表现为涩味。涩味是单宁酸在口腔中使蛋白质凝固而产生的收敛感。单宁酸的化学组成复杂，因原料而有较大差异，可分为两大类：可水解单宁（又称酯型儿茶素）和缩合单宁。前者刺激性较强，涩味明显，并使口腔感觉"粗糙"；后者刺激性弱，使口腔感觉“爽口”“顺滑”“涩”，在口感中非常重要，它能促使其他的呈味物质更好的显露滋味，其本身也是“茶气”的表现之一。有些茶入口后涩感重而不散，口腔舌面或上腭明显感觉“腻”或“麻”，这是因为该茶汤中含有较多的可水解单宁，而这类单宁在茶汤温度下降后其水溶解度迅速降低，导致茶单宁析出并残留于口腔中，口腔黏膜被过度刺激所致。这类茶单宁同样也会刺激胃肠道黏膜，这是喝茶后胃肠道不适的主要因素。

品质好的茶入口“抓”舌头，但很快松开，这种感觉被称为“化”，这样的茶即便在茶汤温度降低后也不会留有过重的涩底。有茶人把“抓”舌头的力度、“化”的时间长短作为评判茶叶品质的依据之一。

**2. 生物碱类**

表现出的口感是苦。苦味是“回甘”的基础，生津是“回甘”

的源泉。通常苦味重者回甘明显，这与味觉出现“错觉”有关，而这种错觉正好符合人们的意愿。苦味在口中的刺激程度以及散化的快与慢也是判断茶叶品质的因素之一。苦味不散或过于强烈都会让人反感。

**3. 氨基酸类**

表现多样，他们与其他呈味物质有很强的协同作用。氨基酸的鲜、酸、甜味都会促使唾液分泌，导致“生津”。鲜味：茶氨酸、谷氨酸、天冬氨酸；甜味：甘氨酸、丙氨酸等；酸味：谷氨酸、天冬氨酸等；香味（花香）：谷氨酸、丙氨酸。

**4. 糖类**

在味觉表现为甜味，在闻觉为甜香味。甜味对口感有很大影响，在人的本能需要中糖是最首要的，味觉及闻觉对甜味都非常敏感，甜味能让人产生愉快的感觉。糖类中的果胶对口感有重要的作用。果胶在嫩度适中的茶叶中含量最高，达干茶的3%～5%，好，有黏性，能让口腔感觉“稠”“滑”。陈化过程中果胶可降解为水溶性碳水化合物从而增加滋味。

**5. 芳香物类**

呈现香味。不同品种、不同产地的茶叶所呈现的香味有很大差异，随着存储年份的增加，香味由清香→果香→花香→蜜香→木香→陈香转化，香气的挥发性由“扬”变“稳”，芳香物的化学成分也出现分子结构逐渐加大的规律，这是陈化过程中化合物氧化聚合所致。古树茶通常呈现出花、蜜香，而且杯底也留有明显的蜜、甜气味，而且这类茶叶在存储时转化较快。

**6. 其他口感**

生津——直接的原因是茶汤中各种化合物刺激口腔而兴奋唾液

分泌中枢所致。往往在停止刺激

于茶氨酸兴奋副交感神经的缘故。

的胃肠蠕动及唾液分泌。唾液的持续分泌让

腺中的黏液性腺泡所分泌的糖蛋白与茶汤中其他

用而产生“回甘”“润喉”的感觉。唾液不但可以保持

还有帮助消化、保护胃黏膜的作用。古人非常重视唾液与养

系，美其名曰“琼浆玉液”。

普洱茶通常有甜、苦、涩、酸、鲜等数种味感，也有滑、爽、厚、薄、利等口感，同时还有回甘、喉润、生津等回感。此类味感、口感、回感等组合而成普洱茶之滋味，各种感觉可能单独存在某一泡普洱茶中，也可能并存，在滋味品鉴过程中就需要细细品味。

**1. 味感**

甜：甜的感觉涓细而绵长，让人感觉丝丝的甜意而不腻。甜味是由碳水化合物经水解或裂解形成糖类或低聚糖造成。

甜味不仅小孩喜欢，成年人也都会对糖而垂涎。但是浓糖甜腻，往往使人又爱又怕，然而茶中的淡然甜意是那么清雅，对健康无害。由于淡然甜意，更将普洱茶品茗提升到艺术境界。普洱茶属于大叶种的茶叶，成分相对的就很饱和浓厚，经过长期陈化，苦和涩的味道因氧化而慢慢减弱，甚至完全没有了，而糖分仍然留在茶叶中，经冲泡后，慢慢释放于普洱茶里，而有甜的味道。上好的普洱茶，越冲泡到后面，甜味越来越浓。普洱茶汤中的甜味纯正清雅，也最能代表普洱茶的真性。老树乔木茶菁制成的晒青茶经过干仓陈化最能表现甜味。

苦：苦本是茶的原味，古代称茶为苦茶，早已得到了印证。最早期的野生茶，茶汤苦得难以入口，经过我们的祖先长期的培养，

……续分泌，这更多是由……神经兴奋会导致较为持续……口腔及咽喉润泽，唾液……呈味物质的协同作……口腔清洁，……生的关……品茗者的立场角度，我们能……的苦味，而逐渐苦味淡薄，乃至于平常人能……珍品。先苦极后才能回甘，并带给普洱茶品茗者……示。普洱茶之所以会有苦，是因为其中含咖啡碱，茶……提神醒目，就是因为这些咖啡碱，对人体神经系统引起了兴奋作用的效果。真正健康的普洱茶品茗，并非透过苦味去求得提神醒目，而是从略带苦意的茶汤，达到回甘喉韵之功效。以比较幼嫩等级的茶菁所制成的普洱茶，都带有苦味。至于对苦味的处理，都是以冲泡方法来控制，同时也视各品茗者对苦味的接受程度，而泡出适当的苦味茶汤。

苦涩是普洱茶一定有的滋味，是鉴别一款茶好坏的条件之一。一般而言树龄短的中小树茶，其汤苦涩较突显而直接，甜感不明显，回甘亦不够。老树茶多数苦涩低于中小树茶，且苦中有甜。一些苦涩很重的老树茶如老班章，虽苦涩重，但苦中带甜且甜感明显，苦涩退得很快，很快就会有很好的回甘。饮的普洱茶有很明显的“先苦后甜”感，回甘是普洱茶的一大特征，也是人们喜欢饮普洱茶的一个原因，回甘强弱与持久度是鉴别一款茶的因素之一。像著名的老班章、景迈这些名山古茶，饮茶后如果没吃其他东西干扰味觉，口腔咽喉的甜滑感可以持续一两个小时。

涩：涩也为茶之原味。由脂型儿茶素与口腔细胞中蛋白质发生络合造成，感觉舌苔增厚，口腔内壁增粗，有东西黏附。常听说不苦不涩不是茶，其实陈化六七十年以上的陈老普洱茶，苦涩逐渐褪去。普洱茶有口感比较强的阳刚性普洱，有口感比较温顺的阴柔性普洱。哪些是刚性的？哪些是柔性的？就是以其苦涩的程度而定，是最具体的辨别方法。茶的涩感是因为含有茶单宁成分，普洱茶是

利：俗称刮喉。主要是因为茶汤中内含物质不协调。茶汤中有些内含物质太多，有些内含物质太少，不能完美的平衡各种复杂的味道，使得一种或几种偏激、浓烈的味道过度的刺激味觉与触觉，使品鉴者感受像利刃在喉，收刮我们的喉咙。利也可能由于水质的原因引起，当水中的盐含量相对较高时，若茶汤本身比较淡薄，则这些盐离子对喉咙的刺激会凸显出来，引起品茗者利的感受。利还会受到加工手法的影响，过度揉捻或是物理损伤过重的茶叶，破碎率高，出汤快，但不耐泡，头几泡很厚，但会有刮的感觉，因为内含物浸出比例不协调，几泡过后滋味变得十分淡薄，也很单调。

**3. 回感**

普洱茶的味感与口感是品茗者的真实感受与体会，但普洱茶的品饮不仅仅只有这些感受与体会，还会出现饮后回味。

主要包括：回甘、喉润与生津三部分，此等反应是茶品给予品鉴者的礼物，也是饮后感觉的升华，心灵的享受。

回甘：甘似甜，但不同于甜。甜为茶汤浸润舌尖而有甜味，而回甘则是品茗者在品味茶汤过后，自身形成的甘甜感受。回甘的体会比较内敛，细腻而绵长。品茗者在品饮茶汤后，口腔内出现丝丝甜意就是回甘的表现。一些劣质普洱茶，茶味虽苦但没有回甘，有些优质普洱茶也有不苦而回甘的现象。

回苦：回苦与回甘相反，饮后，苦味依旧，转至喉口，久化不去。苦味在普洱茶品鉴中有两种：一种为入口即苦，苦化为甘，也称先苦后甜；另一种为茶汤入口不苦，后化苦，久久不散。回苦之茶大多为劣变茶、湿仓茶、杀青不足的粗老茶菁等，为品质不醇所致。品鉴过程中，茶品回苦不绝，定是加工不当、保存不正所致，非正常之茶，不宜收藏。

润：润是滑的升华，有滑才能润。润的体现如同回甘，是在品饮茶汤后出现润滑、滋润感觉，可以说润是品茗者对于茶汤品味后的综合反映。润的体会不但说明茶汤滋味饱满，而且口感湿滑不出现卡、刮喉现象，品茗者适应茶汤的滋味、口感后才会形成润的体会。大多数普洱茶，经过适当陈化后，都能达到“喉吻润，破孤闷”的润化境界。而新茶达到润的程度则对茶叶原料、加工工艺的要求较高。

生津：“津，唾液也”。生津也就是口腔中分泌出唾液之后的感觉。

普洱茶的原料为大叶种晒青毛茶，茶叶内含成分丰富，特别是酯型儿茶素（EGCG、ECG等）含量高，由涩而生津，生津功能特强。部分较劣等茶品，品饮后始终觉得口腔内部卷起，两颊肌肉痉挛般难受，舌苔增厚，但无生津之感。这种涩而不能生津，称之为“涩化不开”。生津具体细分为两颊生津、齿颊生津、舌面生津、舌底鸣泉（舌下生津）等。



**1. 两颊生津**

两颊生津为生津中最为激烈的一项。茶汤入口后，因为呈涩物质刺激口腔两侧内膜而分泌出唾液，因此造成生津是属于“两颊生津”。

两颊生津所分泌的唾液，通常比较多而强。这种生津在口感上，会觉得比较粗野且急促，口中有大量唾液，挤满整个口腔，从而使生津之感非常强烈。早春茶或幼嫩涩感较足的茶品两颊生津较为明显，体内失水过多，多选具有两颊生津效果的茶品，冲泡饮用解渴效果特好。

**2. 齿颊生津**

品饮普洱茶过程中，茶汤在口中流动，单宁类物质刺激两颊与牙齿之间内膜，促使分泌唾液而产生生津。齿颊生津与两颊生津虽然生津位置不同，感觉更是不同。两颊生津如瀑布洪泄，粗野而急促；齿颊生津则如涓涓溪流，柔细而绵长，浸润之处，温润而甘滑。齿颊生津在熟茶轻发酵工艺产品品饮过程中感觉较为鲜明，饮后，齿颊之间如绵长溪水，丝丝甘泉，余水不绝。

**3. 舌面生津**

在品饮过程中，涩感化得较快的茶品，饮后在舌面上会有层湿润的浆液，从而产生舌面生津的现象。茶汤经口腔吞咽后，口内唾液徐徐分泌出来，在舌头的上面，非常的温润柔滑、缓和细致，同时，舌面好像在不断地分泌出唾液，然后流到舌头两边口腔。历经3～5年醇化后的普洱茶，基本都能达到舌面生津的效果。一般的晒青毛茶原料，加工良好，涩感充足，都可感觉到舌面生津，只是强弱不同而已。

**4. 舌底鸣泉**

茶汤进入舌底与下牙床交替处，因生津而感觉有“泡泡”冒出，这样的现象，也称“舌下生津”。品饮醇化时期较长的普洱老茶，茶汤经过口腔接触到舌头底部，舌头底面会缓缓生津，会不断有涌出细小泡泡的感觉。这是因为茶多酚在醇化过程中，经氧化、水解、合成、裂解等大规模的化学反应，已经不能刺激两颊或舌面生津，但是新合成的一些物质成分，起到激起舌底鸣泉的作用。舌底鸣泉生津过程更加缓和持续，生津现象更加细致轻滑，生津感受更加柔顺安详。在品饮陈年普洱茶的时候，茶汤极为柔和，经过口腔接触到舌头底部，舌底会缓缓生津，仿佛不断涌出细小的泡沫，这种舌下生津的现象，才是真正的舌底鸣泉。

要想品出普洱茶汤之味，是需要讲究些技巧的。切忌像喝饮料一样的“牛饮”，这样连茶是什么滋味都还未尝到，就已经喝饱了。大体的原则：小口慢饮，口内回转，缓缓咽下。茶汤入口之时，应将口腔上下尽量空开，闭着双唇，牙齿上下分离，增大口中空间，同时口腔内部肌肉放松，使舌头和上颌触部的部位形成更大的空隙，茶汤得以浸到下牙床和舌头底面。吞咽时，口腔范围缩小，将茶汤压迫入喉，咽下。在口腔缩小的过程中，舌头底下的茶汤和空气被压迫出来，舌底会有冒泡的感觉，这种现象就叫作“鸣泉”。品茶要品出境界，贵在茶好水好之外，还要有一种品茶的好心情，才能凝精聚神地穿透茶的本质，提升到感悟的精神意境。

在掌握了这些简单的品尝方法后，再次品尝普洱茶，便可品出普洱茶陈香所透露出的深厚历史韵味，彰显返朴归真的自然真性。

下面来说说我们在饮茶时所提到的“茶气”：

道家修身养性的方式是“炼精化气，炼气冲神，炼神返虚。”在中华民族文化中，气的地位尤为突出，且有着超乎科学的神奇境界。气是人体赖以生存的物质之一，是脏腑百骸活力的基础。《黄帝内经》形容它如雾露一样地灌溉全身，有“熏肤、充身、泽毛”的作用。



茶气是茶叶能量释放的表现，凡茶皆有茶气，但一般茶由于内含物与制作方式等影响，茶气不够强烈。可以通过闻茶香、品滋味、闻杯底、感悟身体反应等方式来感受茶气。普洱茶的气味随土性而异，茶气足不足与普洱茶品质、茶多酚、咖啡因含量有关。普洱茶的“茶气”强弱与种植地土壤元素（微量元素）有关。

科学家公认，中国西南部的西双版纳是茶树的原产地。依据是什么呢？6000万年前，地球上发生可怕的地质巨变，恐龙等生物遭受了灭顶之灾，而只有中国西南部等极少数地区幸免于难，茶树种籽开始在这些温暖的地方生根、发芽，对大多数生物来说，火山喷发是一场很大的灾难。然而，对茶树而言，可能是上天最好的恩赐。火山灰沉积形成的弱酸性偏砂质赤壤，土质疏松，透气性好，最适宜茶树生长；频繁的地壳运动形成磁场，使地质中丰富的微量元素不断溶入土壤，给茶树带来丰富的营养。森林吸取地层下丰盛的矿物质和养分，通过新陈代谢，落叶归根，形成极为肥沃的红壤土的历史，形成世界上最占老土壤之一。红壤土最为适合植物的生长，加上气候的适中，云南有“植物王国”的美誉。云南普洱茶属大叶种茶，古老茶园都是乔木形态，茶叶厚大，儿茶素、矿物质等成分含量特高，相对的有机锗也较丰富，因此云南普洱茶实为补气的饮料之一。

茶之所以能提神，是因为越是新鲜而绿色的茶叶中，含有越多的咖啡碱刺激性成分。这些成分如在人体内刺激了脑神经，就形成精神兴奋，达到提神作用。古往今来品茗者千千万万，有几人真正体会到茶气美妙的境界？一来真懂得品尝茶气者不多，二来有茶气的好茶得来不易。茶气对大多数品茗者而言，还是非常含糊的。如有人说“这道茶的气很强”，大致上可以从以下几个层面去理解：一是指茶香很强；二是指茶汤很浓；三是指茶叶所含的成分很足，茶汤口感很浓；四是指茶叶中内含物很重，茶汤苦、涩味很强；五是只有极少数品茗者，由于身体的变化体会出了茶气很足。

一般品茗者，茶气敛进其经络后，只感觉到全身体内激荡一股热气，接着毛孔轻轻发出微汗。但也有人误以为是喝了太热的茶汤之后会产生茶气。其实，喝了太热的茶汤，如喝了烈酒一样，促进血液循环加快，能使体温升高而发汗。真正茶气到了体内，是促进经络中真气的运行，使体温升高而发汗的。当然，茶汤太热和茶气同时在身体内部，促成体内发热而发汗者，应该是最常见的。那些由茶气所激发出的是轻汗，是轻薄而微细的汗；而热茶汤所逼出来的，可能是较多的热汗，甚至汗流浃背。

因此，普洱茶的品茗，以温喝最为适宜，如太热喝，热气盖过了茶气，结果只是血液循环加快而发汗；如果茶汤凉后才喝，凉汤降低了体温，不易引起热感，无法臻至飘然欲仙境界！有经验的普洱茶品茗者，对茶气是特别敏感的，当茶汤饮进口中，就已经能分辨出茶气的强弱，气强者对口腔会形成一种"劲道"的感受。就比如一位中医 将某种药材放到口中咬嚼，就能分辨出其药性是热性或寒性。喝了茶气强的茶汤，很快就会打嗝，接着有一般热气在胸腹中竣荡、腾然，毛孔也因之松弛开放，微汗或汗气徐徐得以抒发。再继续品饮，正如茶仙玉川子所描述的，一直喝到七碗茶时，茶气生清风，使人飘然欲仙！

### （四）试耐泡度



耐泡度指的是茶经过多次冲泡后，其汤色口感没有太大的变化。而由于茶类的不同，其耐泡程度不一样。人们在日常生活中，常有这样的体会，人们饮用的袋泡红茶、绿茶及花茶，一般应该冲泡1次后就将茶渣弃掉了。因为这种茶叶在加工制造时通过切揉，充分破坏了叶细胞，形成颗粒状或形状细小的片状，茶叶中的有效内容冲泡时很容易被浸出来。普通绿茶常可冲泡3～4次。茶叶的耐泡程度与茶叶嫩度固然有关，但更重要的是决定于加工后茶叶的完整性。加工越细碎的，越容易使茶汁冲泡出来；越粗老完整的茶叶，茶汁冲泡出来的速度越慢。 铁观音之类的乌龙茶素有"七泡留余香"之美名，即只能泡七八泡。而普洱茶，应该是诸多茶品里最耐泡的茶了，普洱茶的经久耐泡看到的只是表面，它之所以耐泡，是普洱茶所含丰富的内含物质。普洱茶历经了数百上千年的生长，它的叶芽上积攒了丰富的营养物质，在饮用时必然要经过很多次的冲泡才能释放完毕，这就是我们感觉到的它经久耐泡的缘故。

在正常冲泡下，普通普洱茶基本能冲泡10～20泡。而且每一次的出汤都会有一些细微的变化，晒青茶刚冲泡时由于浸泡尚浅茶叶还没有完全舒展，所以一开始的感觉更多的只是表面上的苦的感觉，直到五六泡时才真正呈现出茶的内质感觉，而至10泡左右时就是体现其茶品厚度的时候；熟茶刚冲泡时会有一些很粗浅的感觉，一是感觉很浓，二是新制的熟茶会有一些渥堆留下的味道，至五六泡时茶汤就会变得很透亮，呈红酒色，在口味上也会醇厚得多，不再有多余的杂味，微甜、细腻、顺滑，似乎不用吞咽都会自行流向喉咙，至20泡左右汤色越浅，甘甜如冰糖水。有些古树茶甚至可以冲泡40余泡。

总而言之，普洱茶滋味有甜、酸、苦、涩、鲜之味感，醇、厚、滑、薄、利之口感，回甘、喉润、生津之回感。生津之趣亦妙，两颊生津如瀑布洪泄，粗野而急促；齿颊生津如涓涓溪流，柔细而绵长；舌面生津如温润甘露，娇柔而细致；舌底鸣泉如丝丝清泉，轻滑而安详。品鉴过程亦是享受过程，质、量、度、时间的把握，就能品出真味。

## 三、普洱茶的审评

在之前介绍普洱茶的品鉴要素时已提出，普洱茶的种类繁多，依制法分为晒青茶和熟茶；依存放方式分为干仓普洱和湿仓普洱；依外形分为饼茶（七子饼）、沱茶、砖茶、散茶等。接下来，我们将从看干茶、观汤色、闻茶香、品滋味等方面来介绍一些品鉴普洱茶的审评。

### （一） 看干茶

主要从干茶形状、整碎、色泽和净度来评审。

形状：包含茶品的外形规格，如大小、长短、粗细、轻重、压制的形状、松紧度、匀整度等；

整碎：指茶品个体条索（或颗粒）的大小、长短和粗细是否均匀、完整，上、中、下各段茶比例是否匀称；

色泽：指茶品的颜色及色的深浅程度，茶品色面的亮暗程度（深浅、润枯、鲜暗、匀杂等）；

净度：指茶类夹杂物（梗、籽、朴、片等）、非茶类夹杂物（杂草、树叶及其他）的含量。

总之，从外形来看，好的普洱茶外形的条索结实、颜色鲜润、油面光泽，充分表现了茶叶的活力感 。



外形常用术语：

端正：指形态完整，无破损残缺，整齐；

松紧适度：指压制茶松紧适当；

平滑：指表面平整，无翘起、脱皮及茶梗刺出等现象，反之成为粗糙；

锋苗：芽叶细嫩，紧卷而有尖锋；

重实：身骨重，茶在手中有沉重感；

壮结：茶条肥壮结实；

轻飘：身骨轻，茶在手中分量很轻；

粗松：嫩度茶，形状粗大而松散；

芽头：指未发育成茎、叶的嫩尖，质地柔软，茸毛多；

茎：未木质化嫩梗；

梗：着生芽叶的已木质化嫩枝，一般指当年青梗；

金毫：嫩芽带金黄色茸毫；

显毫：茸毛含量较多；

猪肝色：红而带暗，颜色似猪肝；

棕褐：褐中带棕；

褐红：红中带褐；

黑褐：褐中带黑；

褐黑：乌中带褐，有光泽；

黑润：色黑而深，似涂上一层油而亮；

乌黑：黑而无光泽。

### （二） 观汤色

茶品汤色审评主要从色度、亮度和清浊度3个方面去评比。汤色审评要及时，因为溶于热水中的多酚类物质与空气接触后很容易氧化变色。

色度：即茶汤的颜色。与茶树品种和鲜叶老嫩有关，加工工艺决定了各类茶不同的汤色。

亮度：指茶汤明暗的程度。凡茶汤亮度好的品质亦好。

清浊度：指茶汤的透明程度。汤色透明无杂质，清晰透亮；汤色浑浊，漂浮杂质较多，浑不见底。

接下来我们就来具体看看普洱熟茶、晒青茶汤色的辨析方法。

首先来看看普洱熟茶的汤色分类。

橙红：红中带黄；

深红：红而深，缺乏明鲜光彩；

栗红：红中带深棕色，也适用于普洱熟茶的叶底色泽；

红浓：汤色红而深浓，茶汤颜色红，且内含物丰富；

褐红：红中带褐；

红褐：褐中带红。

而普洱晒青茶的汤色分类又有区别，主要有：

黄绿：以绿为主，绿中带黄；

绿黄：以黄为主，黄中带绿；

嫩黄：金黄中泛出嫩白色；

浅黄：内含物不丰富，黄而浅；

深黄：黄色较深，无光泽；

黄亮：色黄，有光泽；

橙黄：黄中微带红。

总之，好的普洱熟茶汤色是红浓明亮的，好的普洱晒青茶是橙黄透亮的。



### （三）闻茶香

审评香气除辨别香型外，主要评比香气的纯异、高低和长短。

纯异：纯指茶类香、地域香、附加香；异指茶香不纯或沾染了外来气味，如烟焦味、酸馊、油味等。

高低：主要从浓、鲜、清、纯、平、粗进行评审。

长短：香气的持久程度。长指从热闻到冷闻都能闻到香气；反之则短。

香气常用术语：

毫香：芽毫显露的茶品所具有的香气；

清香：香清爽鲜锐；

幽香：香气幽雅，似花香；

花果香：似新鲜花、成熟果香气；

焦糖香：烘干充足或火功高致使香气带有糖香；

甜纯：香气纯而不高，但有甜感；

馥郁：香气幽雅，芬芳持久；

浓烈：香气丰满持久，刺激性强烈。

### （四） 品滋味

良好的味感是构成茶品品质的主要因素之一。茶滋味与香气关系密切。评茶时能嗅到的各种香气，如花香、熟板栗香等，往往在评茶滋味时也能感受到。一般说香气好，茶滋味也是好的。茶香气、茶滋味鉴别有困难时可以相互辅证。审评茶滋味的适宜温度在50℃左右，主要区别其浓淡、强弱、鲜、爽、醇、和等。

浓淡：浓指浸出的内含物丰富，有黏厚的感觉；淡则相反，内含物少，淡薄无味。

强弱：强指茶汤吮入口感到刺激性或收敛性强，吐出茶汤后短时间内味感增强；弱则相反，入口刺激性弱，吐出茶汤后口味平淡。

鲜爽：鲜似食新鲜水果感觉，爽指爽口。

醇：醇表示茶味尚浓，回味也爽，但刺激性欠强。

和：表示茶滋味平淡正常。

滋味审评术语：

浓厚：入口浓，刺激性强而持续，回甘。

醇厚：入口爽适甘厚，余味长。

醇和：醇而平和，回味略甜。刺激性比醇正弱而比平和强。

平和：茶味正常、刺激性弱。

平淡：入口稍有茶味，无回味。

水味：茶汤浓度感不足，淡薄如水。

陈纯：汤味醇厚且留有陈香，无霉味。

回甘：茶汤饮后在舌根和喉部有甜感，并有滋润的感觉。

鲜爽：新鲜爽口。

青涩：茶味淡而青草味重。

苦底：入口即有苦味，后味更苦。

## （五） 看叶底

审评完滋味后，将叶底倒入叶底盘中，观察其嫩度、匀度、色泽。叶底的老嫩、匀杂、整碎、色泽的亮暗和叶片展开的程度等是评定茶品优次的重要因素。好的叶底应具备亮、嫩、厚、稍卷等几个或全部因子。

叶底常用的品鉴术语：

褐红：红中带褐，也适用于普洱茶渥堆正常的干茶色泽；

红褐：褐中带红，为普洱茶渥堆成熟的叶底色泽；

绿黄：以黄为主，黄中泛绿，比黄绿差，也适用于汤色；

黄绿：以绿为主，绿中带黄，此术语也适用于汤色；

花杂：叶色不一，形状不一或多梗、朴等茶类夹杂物；

嫩软：芽叶嫩而柔软；

嫩匀：茶品嫩而柔软，匀齐一致。

相信经过以上的品鉴和审评介绍后，再加上大多数普洱茶品茗者的亲身体会，就更能体味普洱茶每一泡的滋味，同时真正感受普洱茶的魅力。也让我们一起来感受普洱茶品鉴体验：

第一泡，温润；

第二泡，养气；

第三泡，气韵迸发；

第四泡，风韵犹存；

第五泡，柔中带刚威力无比；

第六泡，犹抱琵琶半遮面回忆茶；

第七泡，宁静而致远（气浪在体内收缩似的酸胀感，突出内涵）；

第八泡，自在茶；

第九泡，圆满……

# 第四节
# 云南名茶山和名茶品鉴

## 一、云南名茶山介绍

云南的名茶山主要分布在云南四大产茶区，即西双版纳茶区、普洱茶区、临沧茶区和保山茶区。每个茶区都有它不同的特色，各座茶山树木林立，鲜花盛开，终年小溪叮咚流淌，蝴蝶起舞飞翔。也因每座茶山的地理位置不同，水质气候相异，每个山头上茶的滋味也不一样。根据茶山的知名度，现将茶山介绍如下：



### （一）老班章茶

班章村隶属于云南省西双版纳州勐海县，位于勐海县南方约60公里路程，平均海拔1700米左右。老班章属大叶种野生野放茶特色。在云南大叶种中，与布朗山香型口感类似，然质较重、口感刺激性更强、舌面苦味最重者、香气下沉，舌尖与上颚表现不明显。老班章海拔1600米以上，最高达到海拔1900米，平均海拔1700米，属于亚热带高原季风气候带，冬无严寒，夏无酷暑，一年只有旱湿雨季之分，雨量充沛，土地肥沃，有利于茶树的生长和养分积累。班章村委会下辖老班章、新班章、老曼娥等5个自然村落，老班章在布朗山乡政府北面，为哈尼族村寨，有古茶园4490亩；新班章距离老班章7公里左右，也是哈尼族村寨，是村民从老寨迁出后建立的，海拔1600米左右，有古茶园1380亩。两寨合计5870亩。自古以来，老班章村民沿用传统古法人工养护赖以为生的茶树，遵循民风手工采摘鲜叶，土法炒制揉作茶青。老班章普洱茶茶气刚烈，厚重醇香，霸气十足，在普洱茶中历来被尊为“王者”“茶王”“班章王”等至高无上的美誉。老班章普洱茶汤水之柔，几无苦、涩之味，微微的涩感也是风抚柳枝雁过无声。含汤于口，其甘如怡，始终有一种淡淡冰糖之味。汤色观之，有琥珀之美；晃之，有菜油之厚；品之，有含玉之润。其柔、其味、其色、其润，竟20余泡不变（如图4–29）。

图4–29　老班章

## （二）冰岛

该行政村隶属双江拉祜族佤族布朗族傣族自治县勐库镇，地处勐库镇北边，距勐库镇政府所在地25公里，距县城44 公里。东邻临沧 ，南邻坝卡，西邻耿马，北邻 临沧 。辖 糯伍 、坝歪 、地界、南迫等5个村民小组。现有农户273户，有乡村人口1064人，其中农业人口1064人，劳动力 955人，海拔 1400～2500 米，年平均气温 18～20℃，年降水量 1 800毫米，主要民族为傣族、拉祜族、布朗族。

茶区内规模化初制所较少，基本上是农户自采、自制、自售，鲜叶采摘比较标准，通常古树与乔木、台地分开采摘，价格差距较大。鲜叶以一芽二叶为主，嫩度较好，晒青茶基本工艺为鲜叶采摘，适度走水或不走水，铁锅高温杀青，轻揉、冷堆、阳光直射及晒棚干燥，茶条肥硕厚实，墨绿富光泽，芽毫较显，开泡后叶底肥厚柔韧，杀青均匀，基本无红梗。

冰岛茶是勐库大叶种的发源地，种植历史悠久，最早有种茶的历史可追溯到明成化年间。勐库大叶种是国家级良种茶，被称为大叶种的正宗、大叶种英豪。冰岛茶区内古茶与乔木混栽，坡地较多，极少成片成林，植被也较差些。

冰岛五寨的古茶风格各异，东半山两个寨子坝歪、糯伍高香、苦味轻，涩感较明显，但生津较好，回甘持久，汤略薄。西半山三个寨子老寨风格明显，古树无明显苦涩，香气高扬，茶汤饱满，生

图4–30　冰岛古树茶

津快，回甘快且持久，并具有独特的冰糖韵而出名，地界及南迫则香气好，苦味较其他寨子稍重，无明显涩感，生津稍差，但回甘较好，汤饱满（如图4-30）。

### （三）昔归

昔归村隶属于云南省临沧市临翔区邦东乡邦东行政村，属于山区。距离村委会12公里，距离乡政府16公里。国土面积3.82平方公里，海拔750米，年平均气温21℃，年降水量1 200毫米。

昔归古茶园多分布在半山一带，混生于森林中，属邦东大叶，是勐库冰岛茶的一个分支，古树茶树龄约200年，较大的茶树基围在60～110厘米。清末民初《缅宁县志》记载："种茶人户全县六七千户，邦东乡则蛮鹿、锡规尤特著，蛮鹿茶色味之佳，超过其他产茶区"。这里说的蛮鹿，现称为忙麓，锡规现称为昔归。忙麓山的茶还有一个特点，是自然生长的。有的树高三四米，有的五六米，有几棵茶树主干只剩下一截枯树桩，但又从底部重新长出了锄把粗的新树杈。大茶树基围在80～90厘米左右，茶园属传统采摘自然生长，树枝盘曲向上，经百年的人工无意造作，形成的造型嶙峋古怪，似卧龙、似飞禽展翅，既易攀缘采摘又有观赏性，是典型的人工栽培古茶园。

茶区内规模化初制所较少，基本上是农户自采、自制、自售，鲜叶采摘比较标准，通常古树与乔木、台地混采，分采价格差距不大，鲜叶以一芽二叶为主，嫩度较好，晒青茶基本工艺为鲜叶采摘，适度走水或不走水，铁锅高温杀青，紧揉、阳光直射及晒棚干燥，茶条墨绿紧实富光泽，芽毫不显。

昔归茶内质丰富十分耐泡，茶汤浓度高，滋味厚重，香气高锐，茶气强烈却又汤感柔顺，水路细腻并伴随着浓强的回甘与生

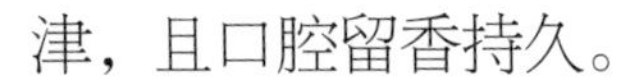

津，且口腔留香持久。

昔归茶开汤，汤色淡黄清亮，入口即香，无杂味，味甘；三泡后回甘更明显，香气高锐，两颊与舌底生津，舌面感觉微涩，化得很快；4～6泡，香气如兰，冰糖香渐显，水质较黏稠，重手泡后苦现，较轻，易化；7泡后汤色几乎未变，淳厚，更佳，尚微涩，喉韵深，回味悠长；10泡后水渐淡，甜味稍减，回甘好，冰糖香尚存。叶底墨绿柳条形，柔韧光鲜，杀青均匀，基本无红梗现象。（如图4-31）。

### （四）易武茶山

易武茶山地理位置：云南省西双版纳州勐腊县。易武茶山位于六大茶山的东部，紧靠中老边境，面积约750平方公里，是古六大茶山中面积、产量最大的茶山。易武乡拥有古茶园面积1.4万余亩，主要集中在高山寨、落水洞、麻黑、曼秀、三合社等村寨。易武乡北与江城接壤，南接瑶区、勐伴，西接勐仑象明，东邻老挝。海拔差异大，气候立体型，不同小区气候条件，造成了不同的生态环境，使之具有温暖、较温暖型两种气候特点。易武常年日照充足，雨量充沛，全区山高雾重，土地肥沃，温热多雨，热量丰富，雨量

图4-31 昔归

充沛，是种植茶叶的理想之地。易武山高雾重，土地 肥沃，温热多雨，热量丰富. 雨量充沛。茶区土壤，在热带亚热带季雨林成土条件下，由紫色岩和砂岩母岩上风化发育而成，主要为砖红壤、赤红壤、黄壤。各地土质呈微酸性反应，pH值在4.5～6.5之间。土壤养分积累快，分解利用快，土壤有机质含量4.5%以上，腐殖质厚5厘米以上。土层深厚，土壤透气性好，有机质含量高。古茶树分布区域植被生态系统保持较好，生长着诸如椿树、香樟树、榕树、漆树、董棕等高大乔木. 气生植物多，树木、藤本植物园繁茂，森林覆盖率高和高等植物集中，构成了良好的生态环境，是种植茶叶的理想之地。

易武茶区目前主要是传统家家自采制茶，且采摘不规范，通常老嫩混采，茶区内早期很少有大规模的初制加工所，传统晒青毛茶制作工艺为：鲜叶采摘—大锅低温杀青—搓揉-日晒，故外形具有条索肥硕、但大小长短不匀、春茶马蹄较多的特点，毛茶油润黑亮、黄片少，黑条多的特点，新茶开汤色泽黄绿，苦涩较轻、青味明显，水气稍重，叶底也通常会带焦片，红梗居多，但陈放些时日后则香气较好，汤中带甜，汤质较滑厚、回甘较好，陈化快，易武茶由于矮化较严重和长于山林的特点，山野

图4–32　易武

气韵不同寨子也有所区别，但在行内属蜜香典范，称之为“长跑冠军”（如图4-32）。

### （五）勐库大叶种

在临沧市和双江县西部与耿马县交界处，有一座南北走向的横断山系支脉——邦马山。主峰叫勐库大雪山（临沧地区还有永德大雪山、邦东大雪山），海拔3200多米，位于双江县勐库镇镜内。著名的勐库野生古茶树群落就位于此山海拔2200～2750米的地方。勐库野生古茶树群落是目前国内外已发现的海拔最高、密度最大的野生古茶树群落，分布面积约12 000多亩。勐库大叶茶叶片特大，长椭圆形或椭圆形，叶色深绿，叶质厚软。芽叶肥壮，黄绿色，绒毛特多。春茶一芽二叶，干样约含氨基酸1.7%、茶多酚33.8%、儿茶素总量18.2%、咖啡碱4.1%。适制红茶、云南绿茶和普洱茶。勐库大叶毛茶口感厚重，汤质稠厚，香气深沉，内质丰富，是制作普洱茶的上好毛料，在20世纪初即已出尽风头（如图4-33）。

图4-33　勐库



### （六）老曼娥

老曼俄自然村隶属于云南省勐海县布朗山乡班章村委会行政

村，属于山区。位于布朗山乡东北边，距离布朗山乡政府16公里。国土面积68.4平方公里，海拔1650米，年平均气温18～21℃，年降水量1374毫米，它是整个勐海县布朗山最古老、最大的布朗族村寨。据寨里古寺内的石碑记载，其建寨时间恰好就是傣族传统的傣历元年纪年，至今已有1371年的悠久历史。这里的古茶园中，一棵棵刻满沧桑岁月的古茶树，见证了布朗族先民"濮人"久远的种茶历史。

老曼峨茶树分布于村落四周，属乔木大叶种，为勐海种的典型代表，主要以栽培型古茶树为主，茶树龄在100～500年。老曼峨茶树也有才栽种几十年的小茶树，小茶树所采摘制作的茶又名甜茶。

苦是老曼娥茶的一大特征。春茶青味重、性极寒，品饮苦若黄连，条形肥壮厚实，匀称显毫，汤色黄明透亮，有明显苦寒气息，滋味浓烈厚实，久泡有余香，耐冲泡，入口苦味比较重，略带涩感，但苦涩化得快，且持久，极耐冲泡。相对苦茶而言，老曼娥甜茶香气更醇、更高，但还是有明显的苦涩感，化得较快，回甘很好，生津也比较好。

茶区内近年新建规模化初制所较多，但基本上是农户自采、自制、自售，鲜叶采摘比较标准，通常古树与乔木、台地、甜茶与苦茶分采，分采价格差距较大，鲜叶以一芽二叶为主，嫩度较好，晒青茶基本工艺为鲜叶采摘，适度走水，铁锅高温杀

图4–34　老曼娥

青，松揉、阳光直射及晒棚干燥（如图4-34）。

### （七）麻黑

麻黑村隶属于云南省西双版纳勐腊县易武乡麻黑村委会行政村，属于山区。距离易武乡9公里，海拔1331米，年平均气温17℃，年降水量1950毫米，全村辖2个村民小组，有农户72户，有乡村人口313人，以瑶族、彝族为主（是汉、彝、瑶族混居地）。近年因茶叶经济带动，村内基本没有老式建筑，多以傣式新楼为主。

麻黑原属古慢撒茶区，为古六大茶区之一，麻黑是易武著名茶山之一，易武几大山头出产的茶料历来受到普洱茶迷的青睐，而“麻黑”又是易武茶中最具韵味的茶，相比易武正山几大产区的茶来说，不论从品质还是产量来说“麻黑”都是不可多得的茶品。



茶区内大多山区坡地与雨林混生，无阶梯状，古茶园大多修剪矮化过，采摘无标准，以二叶及三叶居多，茶区内少有规模初制加工厂，以家庭自采、自制为主，基本工艺为鲜叶采摘，适度走水，铁锅中温慢杀青，轻揉，松长条形，乌黑油润，芽毫不明显。

易武茶香扬水柔，而麻黑茶更以阴柔见长，汤糯、柔、清、雅，花果香。早春香气极好，留杯时间长，汤色油光透亮，口感宽广饱满，柔中带刚，绵密，细腻，韵致精深，香气

图4-35　麻黑

高扬、平衡、中正、厚重，叶底弹性好、厚实，红梗情况普遍（如图4−35）。

### （八）布朗

布朗山是全国唯一的布朗族乡。布朗族。2000多年前，濮人首先定居于此，称“濮满山”。古时曼桑、曼新属车里宣慰使司地，其余属勐混土司。因以族称，名布朗山。1950年属勐混区，1953年设布朗山布朗族自治区，属西双版纳傣族自治区（州）。1958年置布朗山区，1969年设五一公社，1973年为布朗公社，1984年置区，1987年置布朗山布朗族乡。位于县境南部山区，南和西与缅甸接壤，距县府91公里。面积1016平方公里，人口1.6万。有公路通县府。辖勐昂、南温、曼果、结良、班章、曼囡、曼桑、章家等9个行政村。

全乡地处山区，境内山峦起伏连绵，沟谷纵横交错，平均海拔1216米，最高点在北部的三垛山，海拔2082米，方圆13平方公里，孤峰高耸，可鸟瞰布朗山全境，是南部山系中最高的山峰。南部山系从三垛山开始，向南经广坝卡—纠相正—旧桑直至中缅交界的瞭望台山止，纵贯布朗山乡全境，将布朗山分为东西两个部分。最低点在西南部的南桔河与南览河交汇处，海拔535米。布朗山属南亚热带季风气候，阳光充足，雨量充沛，平均年降雨量1374毫米，年平均气温18～21℃，全年基本无霜或霜期很短。一年有干湿两季，最大蒸发量出现在3～4月，最小 蒸发量出现在11～12月，年蒸发量大于降雨量。冬春两季多雾，夏季两季多阴雨，日照只有1782～2323小时。

布朗古茶山主要包括老曼峨、老班章、新班章和曼新龙等寨子的古茶园。其中，老曼峨是布朗族在布朗山最早建立的寨子之 一，其种茶历史已有900多年。

布朗山古茶山拥有栽培型的古茶园资源9505亩，均为普洱茶种。古茶园分布在班章村委会新班章、老班章、老曼娥，曼昂村委会帕点和曼糯，新龙村委会曼新龙和曼别，曼囡村委会曼囡老寨和吉良村委会吉良村民小组。古茶园主要分布在班章、勐昴、吉良3个村委会，有普洱茶和苦茶变种两类。

布朗山普洱茶的茶树树型特征：乔木或小乔木，开张，约1米多高。外形：叶脉对数15～18对左右，叶片长×宽在12厘米×6厘米～20厘米×7厘米之间，叶片椭圆形或长椭圆形，叶面隆起，叶身内折或平，叶质柔软或中，叶色深绿或黄绿，叶底弹性好。布朗山制茶工艺在整个西双版纳都是比较有代表性的，鲜叶采摘比较标准，二叶为主，嫩度高，茶区内现有较多初制加工厂，以家庭自采自制方式的也比较多，基本工艺为鲜叶采摘，适度走水，铁锅中高温杀青，轻揉，松条形，茶条灰白匀称，芽毫肥硕明显。

图4-36　布朗

汤色橙黄透亮，苦涩味较重，汤感饱满，回甘较快较持久，生津好，香气独特（杯底有麦芽糖的香味），叶底光鲜柔韧，杀青均匀，基本无红梗（如图4-36）。

### （九）勐宋

勐宋乡位于勐海县东部，东与景洪市毗邻，南接格朗河乡，北与勐阿乡相连，西南为勐海镇。乡政府距县城23公里，距景洪39公里， 辖迈迈、糯有、曼吕、蚌冈、坝檬、大安、蚌囡、曼方、三迈、曼金10个行政村，111个自然村，102个村民小组。共4781户21467人。主要民族为拉祜族、僾尼人。

勐宋系傣语地名，意为高山上的平坝。勐海县辖乡。山区面积在95%以上，全乡总面积为492.67平方公里，地处横断山脉的南缘地段，地势由西北向东南倾斜，境内山脉大多为南北走向，最高点在西部的滑竹梁子海拔2429米（为全州最高点），最低点在东南部回令河与流沙河交汇处海拔772米，相对高差1657米。海拔1500～2000米以上地区气候温凉，年平均气温16～17℃，年降雨量1500毫米左右.

勐宋古茶山位于勐海县勐宋乡境内，东接景洪市，南连格朗和乡，隔流沙河与南糯山对望。勐宋是勐海最老的古茶区之一，从勐宋保塘村留下的几十亩特大型古茶树来分析，勐宋山区少数民族种茶的历史与南糯山少数民族种茶的历史一样悠久。

勐宋古茶山如今保存下来的古茶园还有3000多亩，主要分布在大安、南本、保塘新寨、保塘旧寨、坝檬、大曼吕、腊卡等寨子。保塘离乡政府约10公里，是勐宋乡最具代表性的一个古茶村。勐宋古茶园大多为拉祜族所种，古茶园附近都有拉祜族古寨。清光绪年间已有汉人进入勐宋保塘、南本定居，做茶叶买卖。

勐宋的茶种属乔木中叶种，乔木茶树基本不成林（片），多是坡地雨林混生，茶区内灌木茶居多，近年新建规模初制所较多，但还是以农户自采自制晒青毛茶外售为主，鲜叶采摘较标准，通常以一芽二叶为主，嫩度较好，晒青茶基本工艺为鲜叶采摘，适度走水，铁锅中高温杀青，轻揉、阳光直射及晒棚干燥，因茶种偏中小叶，故条形匀称，纤细秀美，芽毫较显。

开汤香气高扬而沉实，汤色黄明透亮，入口苦涩味稍重，尤其涩感较明显，但化得很快，生津一般，口感饱满丰富，回甘强而持久。唯汤质下沉感稍弱。耐泡度较勐海其他山头较差一些，叶底黄润柔韧，光鲜度好，杀青较均匀，基本无红梗、红叶现象（如图4–37）。

图4–37　勐宋



## （十）南糯山

南糯山位于景洪到勐海的公路旁，距勐海县城24公里，是西双版纳有名的茶叶产地。位于东经100° 31′ ～100° 39′ 、北纬21° ～22° 01′ 之间，平均海拔1400米，年降水量在1500～1750毫米之间，年平均气温16～18℃，十分适宜茶树生长。南糯山村委会辖30个自然村寨，居民均为哈尼族。南糯山被称为茶树王的栽培古茶树，基部径围达1.38米，树龄800多年，可惜在1994年死去。在茶树王旁2米左右的地方，现还存活着一株干径超过20厘米的大茶树，据说是茶树王的儿子，后来人们在半坡寨古茶园中新命名了一棵茶王树。

南糯山茶园总面积21600多亩，其中古茶园12000亩。古茶树主要分布在9个自然村，比较集中的是：竹林寨有茶园2900亩，古茶园1200亩；半坡寨有茶园4200亩，古茶园3700亩；姑娘寨有茶园3500亩，古茶园1500亩。南糯山古茶园由于分布较广，不同片区的茶的口感滋味有一定区别。

南糯山茶是云南大叶种茶勐海种的典型代表之一，号称古茶第一村，是江外新六大茶山之一，也是云南茶种的基因库，村村寨寨有古茶，或种于坡地，或与雨林混生，生态环境较好，茶区内品种较多，其中很多优良品种都发源于此，比如大家所熟悉的南糯白毫、云抗系列、紫娟等茶都源于南糯山。



茶区内近年新建规模化初制所较多，很多一线品牌普洱茶生产商都把南糯山当作重要原料基地来做，但农户自采、自制、自售还是比较普遍，鲜叶采摘比较标准，通常古树与乔木、台地分采，分采价格差距较大。近年较热门的寨子主要是半坡老寨、拔玛，当地茶农鲜叶采摘以一芽二叶为主，嫩度较好，晒青茶基本工艺为鲜叶

采摘，适度走水，铁锅高温杀青，松揉、阳光直射及晒棚干燥。

南糯山古树茶条索较长、较紧结，匀称度好，比较显毫，新茶汤色金黄透亮，汤质较饱满；苦味明显，回甘较快，涩味持续时间比苦长，生津较好；新茶香气不扬，不过山野气韵较好，耐泡度较好，叶底黄润，柔韧度好，杀青均匀，基本无红梗（如图4-38）。

### （十一）景迈大寨

景迈大寨隶属于云南普洱澜沧拉祜族自治县惠民哈尼族乡景迈村委会，属于山区。距离惠民镇20公里，距县城70余公里， 国土面积11.25平方公里，海拔1550米，年平均气温19.40℃，年降水量1800毫米。景迈大寨村坐落在景迈、芒景万亩古茶园内，由帮改村、笼蚌村、南座村、那耐村、糯干村、勐本村、芒埂村、芒景村、芒洪村、翁洼村、翁基村、老酒房村等10多个自然村组成。



景迈种茶有近2000年的历史。古茶山由景迈、芒景、芒洪等9个布朗族、傣族、哈尼族村寨组成。整个古茶园占地面积2.8万亩，实有茶树采摘面积1.2万亩。芒景、景迈古茶山是人与自然融合的最佳典范，也是普洱茶的原生地。

景迈山茶属乔木大叶种，十二大茶山中乔木树最大的一片集中在这里，号称“万亩乔木古茶园”。茶树与雨林混生，古茶树成片成林，大多未经修剪矮化，保存完好，现存最大的一株茶树高4.3米，基部干径0.5米，另一株高5.6米，基部干径0.4米。茶园茶树以干径10～30厘米的百年以上老树为主。茶树上寄生有多种寄生植物，其中有一种称为“螃蟹脚”近年受到热捧。

茶区内规模化初制较少，基本上是农户自采、自制、自售，鲜叶采摘比较标准，以一芽二叶以主，嫩度较好，晒青茶基本工艺为鲜叶采摘，适度走水，铁锅中高温杀青，轻揉、冷堆、阳光直射及

晒棚干燥，条形黄白匀称，纤细秀美，芽毫较显。景迈制茶有充分捻揉的传统，条索较紧结黑细，同时长于山野中有古树避光，且生

图4-39　景迈

长周期长，因此色泽黑亮。

景迈茶香气突显、山野之气强烈。由于茶树与森林混生，具有强烈的山野气韵，是乔木古树茶中山野气韵最明显的古茶之一，而且还具有特别的、浓郁的、持久的花香，兰花香是景迈茶独有的香。景迈茶的甜是直接的快速来，同时又是持久的。苦弱涩显，景迈茶属涩底茶，苦味有但不强，涩味较为明显。耐冲泡，一般可以到20泡，叶底黄润柔韧，光鲜度好，杀青较均匀，基本无红梗、红叶现象（如图4–39）。

### （十二）贺开

贺开村隶属于云南省勐海县勐混镇，地处勐混镇东面，距镇政

府所在地8公里，到乡镇道路为土路，交通方便，距勐海县城20公里。东邻大勐龙镇，南邻格朗河乡，西邻曼蚌村委会，北邻布朗山乡。辖曼贺勐、广冈、曼弄老寨、邦盆老寨等9个村民小组，有农户866户，有乡村人口4060人，从事第一产业人数为2400人。全村国土面积25.74平方公里，海拔1200米，年平均气温17.6℃，年降水量1329.6毫米。该村以拉祜、傣族为主（是拉祜、傣族混居地），其中拉祜族2259人，傣族1045人，其他民族705人。

贺开是江外新六大茶山之一，云南大叶种勐海种的原产地之一，也是云南连片古茶保存面积较大、较完整的茶区之一，贺开的古茶树主要分布在曼弄新寨、曼弄老寨、曼迈几个寨子里，茶区内古茶树成片成林，多为坡地种植，与雨林混生，无修剪矮化，因前些年交通不便，生态环境较好，为2008年后新兴古茶山头的主要代表。因茶区内古茶资源丰富，所以近年新建规模化初制所较多，很多一线品牌普洱茶生产商都把贺开当作重要原料基地及茶山旅游重地，但农户自采、自制、自售还是比较普遍，鲜叶采摘比较标准，通常古茶树与乔木、台地分采，分采价格差距较大，当地茶农鲜叶采摘以一芽二叶为主，嫩度较好，晒青茶基本工艺为鲜叶采摘，适度走水，铁锅高温杀青，松揉、阳光直射及晒棚干燥。贺开古树茶条索黑亮紧结，茶条稍长，油润度好，较显毫，冲泡汤色金黄明亮，有明显苦味，苦化得较快，回甘较快、较明显，

图4-40　贺开

涩感较明显，化得稍慢，但生津很好，汤质饱满，山野气韵较强，杯底花蜜香明显且较持久，耐泡度好，叶底黄润柔韧，杀青均匀，基本无红梗（如图4-40）。

### （十三）忙肺

忙肺茶山位于永德县勐板乡西南边，距离勐板乡8.00公里，是忙肺村委会所在地。海拔1500～1600米，年平均气温24 ℃，年降水量1013毫米。

茶区内至今还生长着中华木兰以及大面积的野生型、过渡型、栽培型的古树茶，而忙肺大叶茶是国茶级良种茶，也属冰岛茶引种种植，现茶区内还有大面积的藤条茶种植。茶区内多是少数民族，又以佤族居多，故传统茶园种植管理较为粗犷，茶园多居山坡种植，很少呈梯地状，当地茶园因植被不多，故光照充足，茶叶生长

图4-41　忙肺

状况良好。

茶区内规模化初制所较少，基本上是农户自采、自制、自售，鲜叶采摘比较标准，通常古树与乔木混采，分采价格差距不大，鲜叶以一芽二叶为主，夏茶也会采一芽一叶，嫩度较好，晒青茶传统工艺为鲜叶采摘，高温闷杀，雨水天则家家有自制烤箱低温烤干，故多还有烟味。近年因忙肺茶价格走高，故晒青茶工艺有所改良，基本工艺为鲜叶采摘，适度走水或不走水，铁锅高温杀青，轻揉、阳光直射及晒棚干燥，茶条白绿富光泽，芽毫明显。

忙肺茶冲泡汤色清澈明亮，香气馥郁高扬，口感饱满协调，甘醇顺滑带微涩，舌底生津明显，苦味较重，但回甘快而明显，喉韵甘润持久，叶底柔韧光鲜，杀青均匀，基本无红梗（如图4-41）。



### （十四）依邦

倚邦属古六大茶山之一，地处勐腊县象明彝族乡西北边，距乡政府所在地24公里，距勐腊县198公里。年平均气温25℃，年降水量1700毫米。古倚邦茶区内有19个自然村，倚邦古茶山傣语称“磨腊”倚邦，即茶井之意。古倚邦茶区海拔差异大，最高点山神庙海拔1950米，最低点磨者河与小黑江交汇处只有海拔565米，倚邦茶区产茶著名的地方有倚邦、曼松、嶍崆、架布、曼拱等。

茶区种茶历史悠久，倚邦山明代初期已茶园成片，在曼拱古茶园中还保留着基部径围1.2米，高6米，树龄500年左右的古茶树，至今古茶树还保留较多的是麻栗树、倚邦、曼拱等地。

倚邦茶山包括倚邦区的一两个乡，一乡乡政府设在倚邦街，由曼砖到倚邦，须经嶍崆河和架布河，均属倚邦一乡，包括习崆寨（本地人）、架布寨（香堂）、背阴山（香堂）、曼松寨（香堂）、曼昆山（布朗）、大桥头（本地人）、麻栗树（本地人）、细腰子（汉、本地人）、龙宫河（本地人、汉）、孔心树（本地人、汉）、三家村（汉）、龙家寨（本地人）及倚邦街（本地人、汉），全乡214户936人。

倚邦一乡除上述各寨外，还有泡打树、南衣里、关家寨、三家村、密布等寨子，现已寨毁人亡，早成废墟，茶园荒芜无人管。倚邦山明代初期已茶园成片，有傣、哈尼、彝、布朗、基诺等少数民族在此居住种茶，汉族大部系由石屏迁来。

倚邦茶树比易武低矮、叶小、芽细、节短，持嫩性差。农民说："比易武茶好，不浑，只要一小点就好，泡多有涩味在"。茶区内茶叶多属小叶种类型。据说是四川人早期迁居倚邦带入，由先期制茶专销四川等情况看来，此地的小叶种茶叶可能是从四川引来。倚邦本地茶叶以曼松茶叶最好，有吃曼松看倚邦之说。茶树大多山区坡地与雨林混生，无阶梯状，古茶园大多未修剪矮化过，呈乔木状，采摘较标准，以二叶及一叶居多，茶区内无规模初制加工厂，以家庭自采自制为主，基本工艺为鲜叶采摘，适度走水，铁锅高温杀青，轻揉、松条，枝梗匀称饱满，芽毫明显，开泡香气迷人，水路细腻，无明显苦涩感，叶底光鲜油润富活性，基本无红梗（如图4-42）。

图4-42 倚邦

## （十五）漭水

漭水镇位于云南省昌宁县中部，距县城16公里，东北方隔澜沧江与临沧市凤庆县、大理州永平县相望，东南方与本县的达丙、右甸两镇接壤，西方与大田坝乡相连。漭水是一个典型的山区农业镇，国土面积311平方公里，行政区划为9个村民委员会，205个村民小组。镇内最低海拔1050米，最高海拔2850米，年平均气温14.5℃，年降雨量1450毫米左右，有低热河谷气候、温凉和高寒气候等多种气候类型。

图4–43　漭水

漭水茶属昌宁大叶种，是国家级地方有性群体种，种茶历史可追溯到明洪武年间，当地历史名茶“碧云仙茶”有详细记载，大面积种植则是在20世纪50～70年代。当地古茶资源丰富，除了人工栽培型古树茶外，还有大面积的野生古树茶资源。当地传统茶多以红茶及绿茶为主，故晒青茶工艺并不算成熟。在2007年以前，古树茶价格与乔木茶价格并没有差距，当地人也没有采摘古树茶的习惯，传统晒青茶工艺为鲜叶采摘，不走水，高温杀青，紧揉，日晒，故外形紧结，乌黑油润，不显毫，当地没有压制普洱茶的习惯，原料基本外供。2007年以后古树山头茶概念兴起，当地开始分采古树茶，工艺大多借鉴勐库及勐海，现茶区内采摘比较标准，基本上为一芽二叶，基本工艺为鲜叶采摘，适度走水或不走水，中高温杀青，轻揉捻，日光直晒干燥，外形白绿油亮，芽毫明显。

漭水茶冲泡汤色黄绿明亮，香气高扬，口感略显单一，有明显涩感，舌底生津明显，苦味较轻，回甘慢但比较持久，耐泡度稍差，叶底柔韧光鲜，杀青均匀，基本无红梗（如图4-43）。

### （十六）凤山

凤庆县凤山镇地处凤庆县城所在地，是全县的政治、经济和文化中心，也是儒文化荟萃之地，著名“滇红”茶的发源地。全镇国土总面积218.316平方公里，东与洛党、小湾两镇相接，南与三岔河镇相连，西至勐佑镇、德思里乡，北与大寺乡相邻，境内群山纵横、山峦起伏，最高海拔2863米，最低海拔1472米，森林覆盖率为28%。气候温和，日照充足，雨量集中，干湿分明，冬无严寒，夏无酷暑，年平均气温16.6℃。雨量丰沛，年平均降雨量1307毫米。全镇辖18个村民委员会，4个社区居民委员会，138个自然村，362个村民小组，居住着汉、回、彝、白、佤族等20多种民族。

凤庆大叶种，又名凤庆长叶茶、凤庆种。属于有性系、乔木型、大叶类、早生种。树姿直立或开张。叶椭圆形或长椭圆形，叶色绿润，叶面隆起，叶质柔软，便于揉捻成条。嫩芽绿色，满披茸毛，持嫩性强，一芽三叶百芽重9.0克，较勐库大叶种轻，没有勐库种肥壮。是我国1984年首次认定的国家级良种，编号为“华茶13号（GsCTl3）”。

凤庆种茶、制茶历史悠久，现存于小湾镇香竹箐3200年的茶王树被认定为世界上最古老的人工栽培型古茶树，而明代大旅行家徐霞客所记载的“凤山雀舌”“太华茶”等历史名茶均在凤庆镜内，凤山茶更是因1938年试制出优质滇红及滇绿茶而闻名。

图4-44　凤山

凤庆是全国十大产茶县之一，是云南第一产茶大县。1939年凤庆茶厂建厂后基本以生产红茶为主，因家家户户茶园较多，故没有自制晒青及滇红茶的习惯，多是采摘鲜叶上交到当地较大规模的初制所进行加工销售。传统晒青茶工艺为鲜叶采摘，不走水，高温杀青，紧揉，日晒，故外形紧结，乌黑油润，不显毫。当地没有压制普洱茶的习惯，原料基本供应下关、勐海等厂。当地古树茶资源丰富，但茶农没有采摘古树茶的习惯，所以古树、乔木、台地茶的价格差距不大。近几年普洱茶持续走高，很多人认识到凤庆茶的价值，开始深入凤庆茶区制作古树茶，但采摘还是不太标准，基本上为一芽二叶、一芽三叶混采。工艺有所改良，基本为鲜叶采摘，适度走水或不走水，中高温杀青，轻揉捻，日光直晒干燥，外形墨绿油亮，芽毫明显。

凤山茶冲泡汤色清绿明亮，香气馥郁高扬，特有淡淡藜蒿之清香，口感饱满协调，有明显涩感，舌底生津明显，苦味较轻，回甘较慢但比较持久，叶底柔韧光鲜，杀青均匀，基本无红梗（如图4-44）。



## 二、名茶品鉴

本书中，笔者将近几年品茗过的一些名山茶做介绍，带领大家来领悟普洱茶的魅力。

### （一） 勐海茶厂7572熟茶



本书中所用的20世纪90年代末7572熟茶均为大益渠道服务商——鸿昌茶庄提供，勐海茶厂的7572被誉为普洱熟茶的评判标杆。本书中用200毫升盖碗、7克茶冲泡的方法，邀请专业评茶师品鉴了20世纪90年代末昆明纯干仓存放的7572熟茶，市场俗称“苹果绿”，是精品普洱熟茶中不可多得的稀缺品。

**1. 外形描述（如图4-45）**

此茶用料考究，拼配得当，条索肥壮匀整，发酵适度。

图4-45 90年代末陈茶外形

## 2. 香气

香气入汤，平稳持久，清秀显陈香。

## 3. 汤色和滋味（如图4-46）

茶汤红浓明亮，显琥珀色，醇厚甘滑，口齿持久留香，喉韵绵长，茶气通透，生津回甜。

图4-46 20世纪90年代末陈茶汤色

## 4. 叶底（如图4-47）

叶底呈青褐色，活性较好，后期转化空间潜力巨大。

图4-47 20世纪90年代末陈茶叶底

7克茶冲泡十余泡茶后，依然滋味持久，无水位（茶水分离）。七泡以后人感受身轻如燕，后背头顶发汗（因人而异），是保健养身之上品，乃爱茶人士之追求，发烧友之间的利器。

### （二） 老班章茶

本书中所用的老班章茶均由云南凤宁茶叶有限公司提供，本书中用盖碗冲泡的方法品鉴了2011年和2014年的两款老班章。

**1. 外形描述**

（1）2011年老班章：饼形周正，厚薄均匀，饱满圆润。条索肥硕，黄润光鲜（如图4–48）。

（2）2014年老班章：饼形周正，厚薄均匀，饱满圆润。条索肥硕，油润显毫（如图4–49）。

图4–48 2011年老班章外形

图4–49 2014年老班章外形

**2. 温杯香**

（1）2011年老班章：淡淡的花蜜香，略带熟果香，无陈杂味。

（2）2014年老班章：明显的花蜜香，无杂味。

**3. 品茗杯冷香**

（1）2011年老班章：蜜糖香明显且持久。

（2）2014年老班章：蜜糖香明显且持久。

4.汤色和滋味

（1）2011年老班章： 汤色金黄透亮。入口爽滑，果香明显，汤感饱，无明显苦涩，回甘明显，生津强烈（图4-50）。

（2）2014年老班章：汤色黄明透亮。入口爽滑，花香味明显，汤感饱满，具冲击力，略苦，微涩，回甘迅速且持久，生津明显（图4-51）。

图4-50 2011年老班章汤色

图4-51 2014年老班章汤色



**5. 叶底**

（1）2011年老班章：浓郁的花果香，无陈杂味。叶底柔韧光鲜，无粗杂物，无焦烟片，略有红梗。

图4-52 2011年和2014年老班章开汤叶底

（2）2014年老班章：明显的花果香，略带蜜香，无杂味。叶底黄润光鲜，富韧性，无粗杂物，无焦煳片，无红梗（如图4-52）。

## （三）冰岛古树茶

本书中所用的冰岛古树茶均由云南凤宁茶叶有限公司提供，使用盖碗冲泡的方法，邀请专业评茶师品鉴了2012年和2015年的两款冰岛古树茶。

### 1. 外形描述

（1）2012年冰岛古树：饼形周正，厚薄均匀，饱满圆润。条索肥硕，黄润光鲜（如图4-53）。

（2）2015年冰岛古树：饼形周正，厚薄均匀，饱满圆润。条索肥硕，油润光鲜（如图4-54）。

图4-53　2012年冰岛古树外形

图4-54　2015年冰岛古树外形

### 2. 温杯香

（1）2012年冰岛古树：明显的熟果香，无陈杂味。

（2）2015年冰岛古树：浓郁的花蜜香，略有焦糖香，无杂味。

### 3. 品茗杯冷香

（1）2012年冰岛古树：冰糖味明显且持久。

（2）2015年冰岛古树：冰糖味明显且持久。

**4. 汤色和滋味**

（1）2012年冰岛古树：汤色金黄透亮；入口甜润，汤质爽滑，无苦涩感，微苦，生津强烈，回甘持久，明显的冰糖韵（如图4-55）。

（2）2015年冰岛古树：汤色明黄透亮；入口较甜润，汤质饱满，生津回甘快，无明显苦涩，带冰糖韵（如图4-56）。

图4-55　2012年冰岛古树汤色

图4-56　2015年冰岛古树汤色



**5. 叶底**

（1）2012年冰岛古树：明显的糖香，无陈杂味；叶底黄润光鲜，柔韧度好，无粗杂物，无焦煳片，有部分红梗（如图4-57）。

（2）2015年冰岛古树：明显花香，有冰糖韵，无杂味；叶底黄绿光鲜富韧性，无粗杂物，无焦煳片，无红梗（如图4-58）。

图4-57　2012年冰岛古树开汤叶底

图4-58　2015年冰岛古树开汤叶底

## （四）勐库双江乔木古树茶

本书所选用勐库双江乔木古树茶均由云南福茶茶业有限公司（福元昌百年老字号）提供，使用专业审评杯，邀请评茶师对四款不同年份的茶样进行品鉴。

### 1. 外形描述

（1） 2015年乔木古树：饼型规整匀齐，条索肥硕、紧结完整，绿黄显毫。

（2）2011年乔木古树：饼型规整匀齐，条索肥硕、紧结完整，青绿油润，显毫。

（3）2008年乔木古树：饼型规整匀齐，条索肥硕、紧结完整，黄褐油亮。

（4）2005年乔木古树：饼型规整匀齐，条索肥硕、紧结完整，褐黑油亮（如图4-59）。

图4-59 勐库双江乔木古树四款不同年份茶的外形

### 2. 汤色、滋味和香气

（1） 2015年乔木古树： 汤色绿黄透亮。滋味鲜爽甜润，带苦涩。香气饱满，百花香。耐冲泡。

（2） 2011年乔木古树：汤色黄绿透亮。入口甘甜顺滑，略带苦涩，醇正回甘。香高持久，蜜香带花香。耐冲泡。

（3）2008年乔木古树：汤色明黄透亮。滋味醇厚纯正，入口顺滑，齿颊留香，略带苦涩；香气馥郁，花果香带蜜香。耐冲泡。

（4）2005年乔木古树：汤色金黄透亮，泛油光。入口即化，甘冽顺滑，满口生津，无苦涩。香气馥郁绵长，蜜香、果香带菌香。非常耐冲泡（如图4–60）。



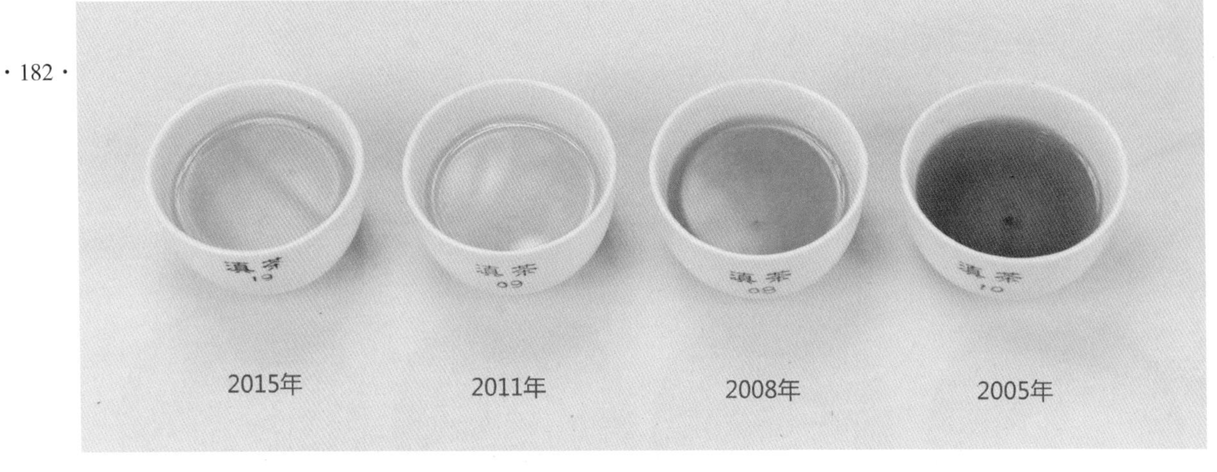


图4–60　勐库双江乔木古树四款不同年份的茶叶汤色

### 3. 叶底

（1）2015年乔木古树：叶底呈绿黄色，嫩软无杂物，无红梗。

（2）2011年乔木古树：叶底呈黄绿色，匀整无杂物，无红梗。

（3）2008年乔木古树：叶底呈黄色，柔软有弹性，无杂物，略带红梗。

（4）2005年乔木古树：叶底呈金黄色，柔软有弹性，无杂物，带红梗（如图4-61）。

图4-61 勐库双江乔木古树四款不同年份的茶叶叶底



## （六） 斗记玉斗晒青茶

本书中所用的斗记玉斗晒青茶均由斗记茶业提供，使用提供盖碗冲泡方法，邀请专业评茶师对两款不同年份的斗记玉斗晒青茶进行品鉴。

图4-62 2014年玉斗干茶外形

**1. 外形描述**

（1）2014年玉斗：干茶呈黑褐色，饼面油润，芽叶细嫩匀净，有少量梗，少量芽头转浅金色，带少许黄片（如图4–62）。

（2）2011年玉斗：干茶黑褐，饼面油润，芽叶肥壮，部分芽头为深金色（如图4–63）。

图4–63　2011年玉斗干茶干茶

**2. 香气**

（1）2014年玉斗：香气内敛沉实，始终以整个一团紧紧包裹着茶汤。茶汤以清甜植物香为主，附带浅花蜜香和微弱清新果香。

（2）2011年玉斗：茶汤、杯底香气高度统一，以蜜香、木香、果香高度混合。



**3. 汤色和滋味**

（1）2014年玉斗：汤色浅黄和金黄为主，明亮度比较高。茶汤爽滑细腻。滋味浓，甜度、鲜度较高，有微苦，涩较重，涩化开慢。回甘迅速持久，生津较弱、持久。喉部有回甘和留香，耐泡度正常（如图4–64）。

图4–64　2014年玉斗汤色

（2）2011年玉斗：汤色以深橙黄为主，明亮度高，轻摇有油质感。茶汤浓、软，内质丰富，苦、涩虽然强但能化开，喉咙有比较明显的回甘和香气，生津比较快且持久，回甘稍慢，位置深且源源不断。喉韵比较明显。杯底花蜜、果、甜谷物、木香依次出现（如图4-65）。

图4-65　2011年玉斗汤色

**4. 叶底**

（1）2014年玉斗：叶底浅黄色芽叶为主，有少量深黄绿色芽叶。叶质柔软油润，有明显嫩梗和极少量红叶。叶底显微弱果香（如图4-66）。

图4-66　2014年玉斗开汤叶底

（2）2011年玉斗：叶底柔软，已经呈现一定的发酵度，有少量叶片转红，油润度高（如图4-67）。

图4-67　2011年玉斗开汤叶底

综合评价：

2014玉斗为风格温婉细腻的晒青茶，香气以清晰的清甜鲜植物香气为主，伴随着花蜜香和微弱清新果香。茶汤柔、顺滑细腻，滋味浓，茶汤滋味均衡融

合，涩易滞留舌面。

2011年玉斗全部选用高海拔古茶园区的大树春茶，内含物质丰富，原材品质控制稳定。经过5年陈化，2010年的玉斗已经是具备一定转化度的优质晒青茶，风格柔中带劲，各方面已经快接近一个平衡点。以比较高的果香、蜜香、木香混合，且与汤水融合度很高，茶汤甜柔，滋味均衡带劲，有比较明显的喉韵，耐泡度和协调度都比较高。

# 参考文献


[1]宛晓春.中国茶谱[M]. 2版. 北京：中国林业出版社，2010.

[2]宛晓春，夏涛，等.茶树次生代谢[M].北京：科学出版社，2015.

[3]陈椽.茶叶通史[M].北京：中国农业出版社，2008.

[4]安徽农学院.制茶学[M]. 2版. 北京：中国农业出版社.2012.

[5]宛晓春，李大祥，张正竹，夏涛，凌铁军，陈琪.茶叶生物化学研究进展[J].茶叶科学，2015，35（1）：1-10.

[6]陈椽.茶叶分类的理论与实际[J].茶叶通报，1979，Z1：48-56，94.

[7]李大祥，王华，白蕊，鲜殊，宛晓春.茶红素化学及生物学活性研究进展[J].茶叶科学，2013，33（4）：327-335.

[8]宋丽，丁以寿. 陈椽茶叶分类理论[J].茶叶通报，2009，31（3）： 143-144.

[9]古能平.关于茶叶分类的几点认识[J].消费导刊，2008，17： 198，223.

[10]童启庆，寿英姿.习茶[M].杭州：浙江摄影出版社，2006.

[11]Jane Pettigrew.茶鉴赏手册[M].上海：上海科学技术出版社，香港：香港万里机构，2001.

[12]刘勤晋.茶文化学[M]. 北京：中国农业出版社，2000.

[13]王玲.中国茶文化[M]. 北京：中国书店，1998.

[14]孙凯飞.文化学[M]. 北京：经济管理出版社，1997.

[15]钟敬文.民俗文化学.梗概与兴起[M]. 北京：中华书局.1996.

[16]雷天.加工类茶叶分类方法[J].致富天地，2013，01：61-61.

[17]杨崇仁，陈可可，张颖君.茶叶的分类与普洱茶的定义[J].茶叶科学技术，2006，02：37-38.

[18]黄友谊，冀志霞.茶分类方法初探[J].茶叶机械杂质，2001，01：24-26.

[19]吕永康，黄丽萍，彭绿春.普洱茶综论[J].安徽农学通报，2007，13（3）：125-126.

[20]吴礼辉.普洱茶概述[J].茶叶科学技术，2005，03：44-45.

[21]王平盛，刘本英，成浩.论云南普洱茶文化的历史地位[J].西南农业学报，2008，21（2）.

[22]周红杰.正本清源之路[J].普洱，2007（2）：69-71.

[23]杨崇仁，陈可可，张颖君.茶叶的分类与普洱茶的定义[J].茶叶科学技术，2006（2）：37-38.

[24]刘虹.论黄帝内经的医学哲学思想[J].医学与哲学，2005，26（3）： 49-56.

[25]1996年3 月15 日卫生部令第46 号发布.保健食品管理办法.中国卫生法制，1996，4（3）：12-13.

[26]熊昌云.普洱茶降脂减肥功效及作用机理研究[D]. 杭州：浙江大学，2012，4.

[27] Despres J.P.， Lemieux I. Abdominal obesity and metabolic syndrome [J]. Nature，2006，444（14）： 881-887.

[28] Houstis N.， Rosen E.D.， Lander E.S. Reactive oxygen species have a causal role in multiple forms of insulin resistance [J]. Nature，2006， 440（7086）：944-948.

[29] Rosen E.D.， Spiegelman B.M. Adipocytes as regulators of energy balance andglucose homeostasis[J].Nature，2006， 444（7121）：847-853.

[30]吴文华.晒青毛茶、普洱茶降血脂功能比较[J].福建茶叶，2004（4）：30.

[31]Tumheim K. When drug therapy gets old： pharmacokinetics and pharmacodynamics in the elderly [J].Experimental Gerontology， 2003， 38（8）：843.

[32]张冬英，黄业伟，汪晓娟，邵宛芳.普洱茶熟茶抗疲劳作用研究[J].茶叶科学，2010，30（3）：218-222.



[33]陈宗道，周才琼，董华容.茶叶化学工程[M].重庆：西南师范大学出版社，1999.

[34]周红杰，秘鸣，韩俊，李家华，艾田.普洱茶的功效及品质形成机理研究进展[J].茶叶，2003，29（2）：75-77.

[35]东方.普洱茶的抗氧化特性及活性成分鉴定[D]. 杭州：浙江大学，2007，5.

[36]折改梅，张香兰，陈可可，张颖君，杨崇仁.茶氨酸和没食子酸在普洱茶中的含量变化[J].云南植物研究，2005，27（5）：572-576.

[37]李向荣.抗氧化剂和自由基与血清白蛋白相互作用的微量热和谱学研究[D]. 郑州：河南师范大学，2014，5.

[38]Robert A.， Floyd R.A.， Towner T.H. Translational research involving oxidative stress and diseases of aging [J]. Free Radical Biol. Med.， 2011， 51： 931-941.

[39]Liu C.C.， Gebicki J.M. Intracellular GSH and ascorbate inhibit radical-induced protein chain peroxidation in HL-60 cells [J]. Free Radic. Biol. Med.， 2012， 5： 420-426.

[40]Niki E. Assessment of Antioxidant Capacity in vitro and in vivo [J]. Free Radic. Biol. Med.， 2010， 49： 503-515.

[41]LinY.S.， TsaiY.J.， Tsay J.S.， Lin J.K. Factors affecting the levels of tea Poly Phenols and caffeine in tea leaves[J]. J.Agric.Food Chem.，2003， 51： 1864-1873.

[42]揭国良，何普明，丁仁凤.普洱茶抗氧化特性的初步研究[J].茶叶，2005，31（3）：162-165.

[43]孙璐西.普洱茶之抗动脉硬化作用[A].中国普洱茶国际学术研讨会论文集[C]. 昆明：云南人民出版社，2002，6：48-58.

[44]Duh P.D.， Yen GC.， Yen W.J.， Wang B.S.， Chang L.W.E. Effects of pu-erh tea on oxidative damage and nitric oxide scavenging [J]. J.Agric.Food Chem， 2004，52： 8169-8176.

[45]朱旗，Clifford M.N.，毛清黎，邓放明.LC-MS分析普洱茶与红茶成分的比较研究[J].茶叶科学，2006，26（3）：191-194.

[46]Lu C.H.， Hwang L.S. Safety， biological Activity and the active components of Pu-er tea[C].International Tea symposium， 2005：272 -279.

[47]凌关庭，主编.抗氧化食品与健康[M].北京：化学工业出版社，2004.

[48] Kuo K.L.， Weng M.S.， Chiang C.T.， Tsai Y.J.， Lin-Shiau S.Y.， Lin J.K. Comparative Studies on the Hypolipidemic and Growth Suppressive Effects of Oolong, Black， Pu-erh， and Green Tea Leaves in Rats[J]. J. Agric： food Chem， 2004， 53（2）： 480-489.

[49]Jie G.L.， Lin Z.， Zhang L.Z.， Lv H.P.， He P.M.， Zhao B.L. Free radical scavenging effect of Pu-erh tea extracts and their Protective effect on oxidative damage in human fibroblast cells[J]. J. Agric. Food Chem. 2006， 18，54（21）：8058-8064.

[50]金裕范，高雪岩，王文全，练晶军.云南普洱茶抗氧化活性的比较研究[J].中国现代中药，2011，13（8）：17-19.

[51]江新凤，邵宛芳，侯艳.普洱茶预防高血脂症及抗氧化作用的研究[J].云南农业大学学报，2009，24（5）：705-711.

[52]任洪涛，周斌，秦太峰，夏凯国，周红杰.普洱茶挥发性成分抗氧化活性研究[J].茶叶科学，2014，34（3）：213-220.

[53]陈浩.普洱茶多糖降血糖及抗氧化作用研究[M]. 杭州：浙江大学，2013，3.

[54]林瑞萱.中日韩英四国茶道[M].北京：中华书局，2008.

[55]吴远之.大学茶道教程[M].北京：知识产权出版社，2011.

[56]高力，刘通讯.不同储藏时间的普洱茶内所含成分及其抗氧化性质研究[J]. 食品工业，2013，34（7）：127-130.

[57]李银梅.普洱茶在不同贮藏条件下品质及成分变化初探[J].茶叶通报，2010，32（1）：46-48.

[58]周黎，赵振军，刘勤晋，龚正礼.不同贮藏年份普洱茶非挥发物质的GC-MS分析[J].西南大学学报，2009，31（11）：140-144.

[59]周玉梅.普洱茶冲泡的方法与品鉴[J].云南农业科技，2010，5：61-62.

[60]邹艳丽，懂宝生，张伏全，等.普洱熟茶化学成分研究[J].云南化工，2009，36（2）：10-13.

[61]邓时海.普洱茶[M]. 昆明：云南科技出版社，2004.

[62]周红杰.云南普洱茶[M]. 昆明：云南科技出版社，2004.

[63]杨学军.中国名茶品鉴入门[M].北京：中国纺织出版社，2012.

[64]熊志惠.识茶、泡茶、鉴茶全图解[M].上海：上海科学普及出版社，2011.

[65]蒋文中.普洱茶得名历史考证[J].云南社会科学，2012，05：142-144.

[66]施兆鹏. 茶叶加工学[M].北京：中国农业出版社，1997

[67]中国普洱茶网（http：//www.puercn.com）

[68]普洱茶的历史演变[EB/OL]. http：//www.puerteaking.com/historycpdetail_147.htm#，2013-05-23.

[69]宛晓春. 安微农业大学公开课：魅力中国茶（第一集：茶的起源与传播）[DB/OL]. http://open.163.com/movie/2013/10/T8/MA1381VKT_MAIL5NET8.html，2014-08-16/2014-08-16.



本书中引用了很多学者的研究成果、研究思路，包括文字和图片，未能一一标注和致谢，在这里一并向他们表示衷心的感谢！